数控车床编程与加工
一体化教程

主　编　高升
副主编　陈远智　陈未峰　张　浩
主　审　周海进

重庆大学出版社

内容提要

本书以国家职业标准《数控车工》考核内容为理论依据,参照企业数控车工的能力要求,采用任务驱动的编写模式进行编写。在编写过程中,充分考虑"以教学规律为基础、以任务领域为边界、以训练技能为核心"的编写理念。本书共5个工作任务,内容涵盖数控车床加工基础、数控车削轴类零件、数控车削螺纹轴类零件、数控车削盘套类零件及数控车削配合类零件。每个工作任务由若干个子任务组成,在完成每个任务的过程中,学生都要以具体任务完成选择刀具、机床、材料,以及制订工艺、编程程序、调试优化程序、加工与检测等。每个任务都是一项完整的工作,旨在训练学生在完成一项工作时所遵循的过程与步骤,在"做中学、学中做"中培养学生的职业素养。

本书可作为中等职业学校数控、机电专业数控车床编程与加工一体化教学教材,也可作为企业培训以及相关技术人员的参考用书。

图书在版编目(CIP)数据

数控车床编程与加工一体化教程/高升主编.
－－重庆:重庆大学出版社,2020.8
中等职业教育机械类系列教材
ISBN 978-7-5689-2262-3

Ⅰ.①数… Ⅱ.①高… Ⅲ.①数控机床—车
床—程序设计—中等专业学校—教材 ②数控机床—车床—
加工工艺—中等专业学校—教材 Ⅳ.①TG519.1

中国版本图书馆 CIP 数据核字(2020)第 145115 号

数控车床编程与加工一体化教程

主 编 高 升
副主编 陈远智 陈未峰 张 浩
主 审 周海进
策划编辑:周 立

责任编辑:李定群 版式设计:周 立
责任校对:贾 梅 责任印制:张 策

*

重庆大学出版社出版发行
出版人:饶帮华
社址:重庆市沙坪坝区大学城西路 21 号
邮编:401331
电话:(023)88617190 88617185(中小学)
传真:(023)88617186 88617166
网址:http://www.cqup.com.cn
邮箱:fxk@ cqup.com.cn(营销中心)
全国新华书店经销
重庆市国丰印务有限责任公司印刷

*

开本:787mm×1092mm 1/16 印张:11.5 字数:297千
2020 年 8 月第 1 版 2020 年 8 月第 1 次印刷
ISBN 978-7-5689-2262-3 定价:48.00 元

前 言

数控加工技术是机械制造技术中的核心技术,数控车床加工是数控加工中的重要组成部分。在生产企业,急需大量的能解决生产一线实际问题的数控车床操作工,传统教材过于注重储备知识的讲解,难以实现理实一体化教学。本书主要以国家职业标准《数控车工》为理论依据,以企业岗位需求为导向,以培养学生的职业技能为核心,同时兼顾学生职业素养的养成,工作任务的设计有利于学生的学和教师的教。

本书在编写上具有以下特色:

1. 任务驱动

本书以在数控车床上加工的典型零件为载体设计教学任务,每个工作任务又由若干个子任务组成,任务的实施过程充分体现企业生产产品的过程,用任务引导的方式提出完成每次任务所需要的知识和技能,由学生主动寻找答案,真正做到"做中学,学中做",学习每个知识点或技能都具有针对性,从而提高学生的学习兴趣。

2. 实用为核心

中等职业学校的学生对理论知识的学习普遍存在学习热情不高的现象,在任务的设计上主要遵循实用原则,理论知识够用原则,免去繁、难、怪的理论,学习的理论能够解决实际工作的常见问题。在相关知识中以"学以致用"的原则进行理论讲解。

3. 循序渐进的任务设计

本书的任务设计具有递进关系,后一个任务的有对前一个任务复习回顾,通过精心细致的教学设计,将理论教学内容、工艺分析、刀具选择、编程加工、总结反馈等多种教学内容和形式融为一体,关键职业能力转变为可操作的教学活动。

本书由高升担任主编,参加编写工作的同志有陈未峰、张浩、曾艳平、萧锦岳、符莎、黄友训等,具体分工如下:高升负责全面统稿及定稿;高升编写工作任务一、工作任务二、工作任务三、工作任务五;陈未峰编写工作任务三;符莎、曾艳平、萧锦岳负责图纸的整理;张浩、黄友训负责收集资料。

　　由于编者水平有限,加之时间仓促,书中难免会有一些疏漏和不足之处,敬请广大读者提出宝贵意见。

编　者

2020 年 1 月

目录

工作任务 **1**
数控车床加工基础

　　数控车床是数控加工中使用最广泛的机床之一，在数控机床中起着举足轻重的作用。它主要是用来加工轴类、盘类、套类等回转体零件。通过本任务的学习，了解数控车床的产生、发展、分类、组成结构名称以及会对数控车床进行简单操作，为后续数控车床的学习奠定基础。子任务主要有认识数控车床、数控车床的对刀、数控车床程序的输入与仿真。

子任务 1.1　认识数控车床

📖 任务描述

　　查阅数控车床相关资料，了解数控车床的产生背景及其发展方向，了解数控车床的组成、分类及加工工件的特点，能够指出数控车床各组成部件的名称。在教师的带领下，参观数控车间，通过对普通车床(见图 1-1-1(a))和数控车床(见图 1-1-1(b))的观察，找出普通车床与数控车床的不同，从感观上对数控车床有初步认识，为后续任务做好准备。

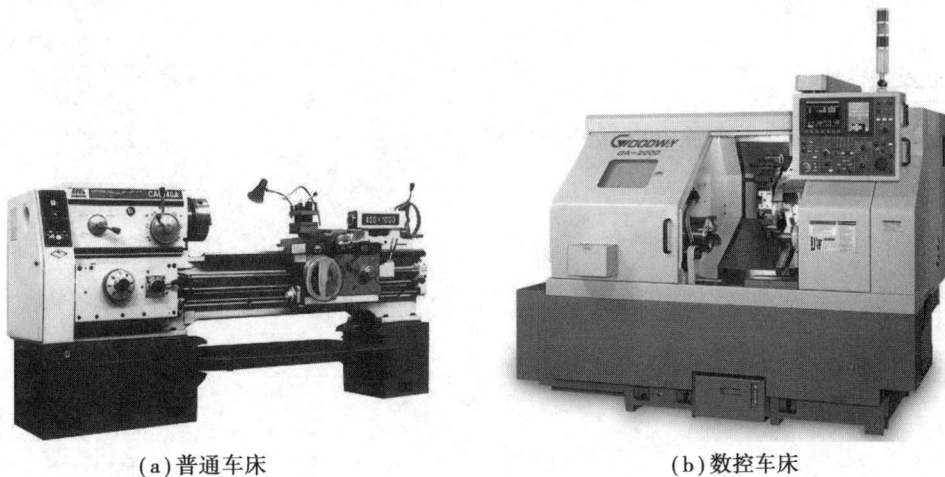

　　　　(a)普通车床　　　　　　　　　　　　　(b)数控车床

图 1-1-1　车床

任务目标

1. 知道数控车床的产生背景及其发展。
2. 知道数控车床的分类及加工零件的特点，什么零件适合数控车床加工。
3. 能够指出数控车床各结构部件的名称。
4. 能够正确认识普通车床与数控车床的不同。

任务引导

①观察普通车床与数控车床的外观，从感观上找出两种车床的不同。

②查阅资料，了解数控车床的产生背景及发展，总结你对数控车床的初步认识。

③通过观察及学习，写出数控车床的组成及各组成部分的作用。

任务实施

分组现场识别数控车床各组成部件的名称。

任务评价

通过观察、查阅资料等,对数控车床有了初步了解后,对相关内容进行评价,并将评价结果填入表 1-1-1 中。

表 1-1-1　数控车床认识评分表

序号	项　目	检测内容	配分	评分标准	评价方式		
					自评	互评	师评
1	普通车床与数控车床的对比	普通车床与数控车床的不同	20	了解程度			
2	数控车床的认识	数控车床的产生背景及发展	40	了解程度			
3	数控车床的分类	按不同的分类方式	20	了解程度			
4	现场指认数控车床的组成部件	数控车床各组成部件的名称	20	认识程度			
合计(总分)			100				

任务总结

通过观察、查阅资料,总结你对数控车床这种设备的学习感受,并填入表 1-1-2 中。

表 1-1-2　数控车床认识总结表

引导性问题	体会与感悟
你认为数控车床与普通车床的最大不同之处	
数控车床都可以加工哪些零件	
你认为学习数控车床的难点	
你打算如何学习数控车床这种设备	

知识解析

1）数控机床概述

（1）数控技术的基本概念

①数控技术

数控技术简称数控，即数字控制（Numerical Control，NC），是用数字化信息对机床运动及加工过程进行控制的一种方法。

②数控系统

数控系统是数字控制系统（Numerical Control System）的简称，是实现数控机床相关功能的软硬件系统，是数控技术的载体。

③数控机床

数控机床（Numerical Control Machine Tools），是用数字代码形式的信息（程序指令）控制刀具按给定的工作程序、运动速度和轨迹进行自动加工的机床。

④计算机数控

计算机数控（Computer Numerical Control，CNC）是指用计算机按照存储在计算机内读写存储器中的控制程序去执行并实现数控装置的一部分或全部数控功能。

（2）数控机床的产生及发展

随着科学技术和社会生产力的迅速发展，对机械产品的质量、生产效率及零件的复杂程度提出了越来越高的要求，在这种背景下数控机床产生了。1952年美国麻省理工学院和帕森斯公司在美国空军后勤部的资助下，成功研制出第一台数控铣床。数控技术及数控机床的诞生，标志着生产和控制领域一个崭新时代的到来。从第一台数控机床至今，数控机床经过了两个阶段共6代的发展。

①NC阶段

早期的计算机运算速度较低，不能适应机床适时控制的要求。人们采用电子元件来构成专门的逻辑部件，组成专用计算机来实现机床加工的要求，称为硬件连接数控。随着元器件的发展，这个阶段经历了3代，即：

第一代电子管NC：1952—1959年，采用电子管元件构成的专用NC装置，体积较大，可靠性低，价格高，主要用于军工生产，没有得到广泛推广。

第二代晶体管NC：1959—1964年，采用晶体管电路的NC装置，可靠性有所提高，体积大为缩小，但是可靠性还是较低，没有得到用户的认可。

第三代小规模集成电路NC：1965—1970年，采用中小规模集成电路的NC装置，体积大大缩小，可靠性得到了实质性提高，一般用户可以接受。

②CNC阶段

直到1970年，小型计算机得到广泛使用。其运算速度、可靠性比20世纪五六十年代有了大幅度的提高，人们将它移植过来作为数控系统的核心部件。从此进入了计算机数控阶段。在这个阶段也经历了3代，即：

第四代小型计算机：1970—1974年，采用大规模集成电路的小型通用计算机数控系统。

第五代微处理器：1974—1990 年，微处理器和半导体存储器应用于数控系统（Micro（CPU）NC，MNC）。

第六代 PC 机：1990 年以后，PC（Personal Computer）的性能已发展到很高的阶段，可满足作为数控系统核心部件的要求，数控系统进入了基于 PC 时代。

（3）我国数控机床的发展现状

我国从 1958 年开始研究数控技术，1975 年第一台加工中心研制成功。1986 年开始进入国际市场，但是，在数控技术领域，我国同先进工业国家之间还存在较大差距。

近年来，我国连续成为世界机床消费第一大国、机床进口第一大国，特别是在高档和大型数控机床方面，70% 以上的此类机床及绝大部分的关键功能部件均需依赖进口。主要原因是国产数控机床的研究开发力度不够、制造水平落后、服务意识较低及数控人才缺乏等。

目前，我国的主要数控系统生产厂家有北京航天机床数控系统集团公司、武汉华中数控系统有限公司、沈阳数字控制股份有限公司、南京新方达数控有限公司及广州数控设备有限公司等。

（4）数控机床的发展趋势

数控机床的出现给机械制造业乃至整个工业生产带来了革命性的变化，随着电子技术及计算机技术的发展，数控机床的性能将进一步成熟，应用领域也将进一步扩大，对汽车、IT、轻工、医疗行业的发展将起着重要作用，当今数控机床的发展呈现以下发展趋势：

①高精度、高速度化

质量和效率是当今企业最核心的竞争力，数控机床的精度和速度恰恰是满足这两项指标的重要保障，因此，精度和速度也成为衡量一台数控机床的重要指标。目前，数控机床的主轴转速可达 40 000 r/min，进给速度可达 120 m/min，快速移动速度可达 60 m/min。加工精度可达 ±0.005 mm，个别的可达 ±0.001 5 mm，定位精度可达 ±0.002 ～ ±0.005 mm。

②高复合化

复合加工就是把不同类型机床的功能集中于一台机床上。典型代表机床如车铣复合加工中心、镗铣加工中心等。它可将许多工序和许多工艺过程集中到一台机床上完成，实现自动换刀及自动更换工件，一次装夹完成全部加工工序，可大大地减少辅助时间，从而实现一机多用，提高生产效率，节省占地面积，节约投资。

③高智能化

智能化是 21 世纪制造技术发展的一个方向，它适应了制造业生产柔性化、自动化发展的需要，智能化正在成为数控设备研究及发展的热点。目前，在数控机床上采用的高智能化技术主要有自适应控制（Adaptive Control，AC）、模糊控制、神经网络控制、专家控制、学习控制及前馈控制等。

④先进制造系统

柔性制造单元（Flexible Manufacturing Cell，FMC）是一种几乎不用人参与而且能连续地对同一类型零件中不同零件进行自动化加工的最小加工单元，是独立使用的加工设备，又可作为柔性制造系统或柔性自动线的基本组成模块。

柔性制造系统（Flexible Manufacturing System，FMS）是由加工系统、物料自动储运系统和信息控制系统三者相结合并能自动运行的制造系统。这种系统可按任意顺序加工一组不同工序与不同加工节拍的零件，工艺过程随加工零件的不同作适当调整，能在设备的技术范围内自动地适应加工零件和生产规模的变化。

计算机集成制造系统(Computer Integrated Manufacturing System,CIMS)是一种企业经营管理哲理的体现,它强调企业的生产经营是一个整体,必须用系统工程的观点来研究和解决生产经营中出现的课题。集成的核心不仅是设备的集成,更主要的是以信息为主导的技术集成和功能集成。计算机是集成的工具,计算机辅助的各单元技术是集成的基础,信息交换是桥梁、信息共享是目标。

2)数控车床的分类

(1)按主轴位置分类

①卧式数控车床

该类数控车床主轴水平放置,主要用于加工轴向尺寸大、径向尺寸相对较小的小型复杂零件。床身结构主要有水平导轨床身(见图1-1-2)和倾斜导轨床身(见图1-1-3)。

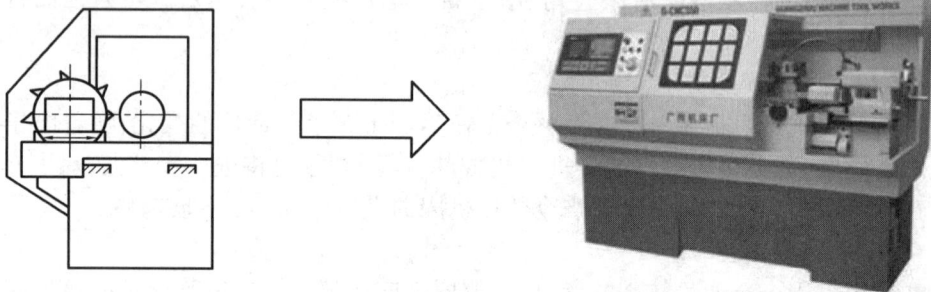

图 1-1-2　水平导轨床身

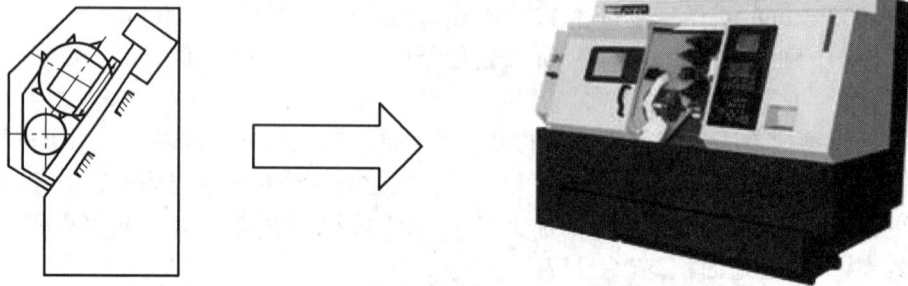

图 1-1-3　倾斜导轨床身

A.水平导轨床身布局

工艺性好,但水平床身因下部空间小,故排屑困难。

B.倾斜导轨床身布局

其导轨倾斜的角度分别为45°,60°,70°等,这种布局具有刚度好、外形美观、结构紧凑、排屑容易且便于操作和观察等优点。

②立式数控车床(见图1-1-4)

其主轴垂直于水平面放置,一个直径很大的圆形工作台用来装夹工件。这类车床主要用于加工径向尺寸大、轴向尺寸相对较小的大型复杂零件。

(2)按刀架位置分类

①前置刀架数控车床

刀架位于Z轴的前面,与传统卧式车床刀架的布置形式一样,刀架导轨为水平导轨,使用四工位电动刀架,如图 1-1-2 所示。

②后置刀架数控车床

刀架位于 Z 轴的后面,刀架的导轨倾斜于正平面,便于观察刀具的切削过程,容易排除切屑,后置空间大,可设计更多工位。一般多功能的数控车床都设计为后置刀架,如图 1-1-3 所示。

(3)按功能分类

①经济型数控车床

该类机床通常配备经济型数控系统,机械部分是在普通车床的基础上改进的。它成本较低,自动化程度和功能都较差,大多采用开环或半闭环伺服系统控制,主轴多采用变频调速。

②全功能数控车床

此类车床一般采用后置转塔式刀架,可装刀具数

图 1-1-4　立式数控车床

量较多,主轴为伺服驱动,床身采用倾斜床身结构便于排屑,数控系统的功能较多,可靠性较好。

③车削中心

该类机床以车床为基本体,并在此基础上进一步增加铣、钻、镗以及副主轴的功能,可在同一台数控机床上完成多道工序的加工。

(4)按数控系统分类

数控系统是数控车床的核心。目前,在数控车床上使用的数控系统较多,这里只对常用的数控系统进行介绍。

①FANUC 数控系统(见图 1-1-5)

FANUC 数控系统是日本 FANUC 公司的产品,进入中国市场较早,目前在国内占有较大的市场份额。该类系统有多种产品型号,广泛使用的有 FANUC 0,FANUC 16,FANUC 18,FANUC 21 等。该系统具有高质量、高性能、全功能等特点,适用于各种机床及生产机械。

图 1-1-5　FANUC 数控系统

图 1-1-6　SINUMERIK 系统

②SINUMERIK 数控系统(见图 1-1-6)

SINUMERIK 数控系统是德国西门子(SIEMENS)公司的产品。该公司的数控装置采用项目化结构设计,经济性好,在一种标准硬件上配置多种软件,具有多种工艺类型,满足各种机床

的需要,并成为系列产品。其主要产品型号为 SINUMERIK3/8/810/820/850/880/805/802/840 等。

③GSK 数控系统(见图 1-1-7)

GSK 数控系统是广州数控设备有限公司的产品。该企业是中国国家"863"重点项目"中档数控系统产业化支撑技术"承担企业,拥有我国最大的数控机床连锁超市。GSK 数控系统主要有 GSK928T,GSK980T 等。

④HNC 数控系统(见图 1-1-8)

HNC 数控系统是华中数控系统有限公司的产品。该公司成立于 1995 年,由华中理工大学、中国国家科技部、湖北省武汉市科委、武汉市东胡高新技术开发区、香港大同工业设备有限公司等共同投资组建。目前,华中"世纪星"系列数控系统包括世纪星 HNC-18i,HNC-19i,HNC-21,HNC-22 这 4 个系列产品。

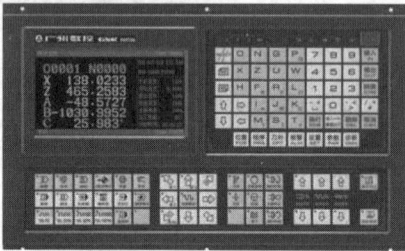

图 1-1-7   GSK 数控系统

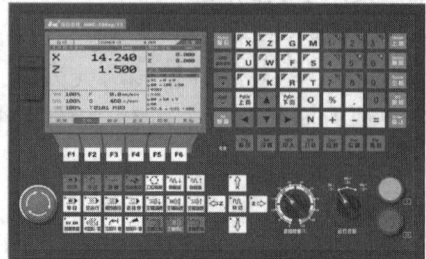

图 1-1-8   HNC 数控系统

(5)按伺服系统分类

①开环伺服系统

开环控制(Open Loop Control)数控车床不带位置检测反馈装置。数控装置输出的指令脉冲由驱动电路功率放大,并驱动步进电动机转动,再经传动机构带动执行部件运动,如图 1-1-9 所示。开环控制数控车床工作较稳定,反应快,调试维修方便,结构简单,但控制精度低,故这类数控车床多为经济型数控车床。

图 1-1-9   开环伺服系统

②闭环伺服系统

闭环控制(Close Loop Control)数控车床的工作台上安装了位置检测反馈系统,用以检测机床工作台的实际移动位置,并与数控装置的指令位置进行比较,对差值进行控制,使其误差减少。闭环控制框图如图 1-1-10 所示。闭环控制数控车床加工精度高,但结构复杂,造价高,调试维修困难。

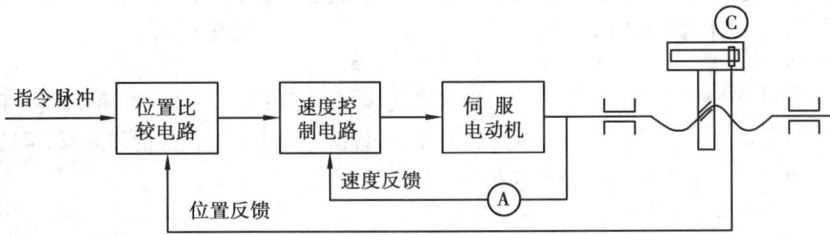

图 1-1-10   闭环伺服系统

③半闭环伺服系统

将检测元件与电动机或丝杠同轴安装,则为半闭环控制(Semi-Close Loop Control)数控车床,如图 1-1-11 所示。由于半闭环的环路内不包括丝杠螺母副及工作台,因此,它具有较稳定的控制特性,调试较方便,故被广泛采用。但其控制精度不如闭环控制数控车床。

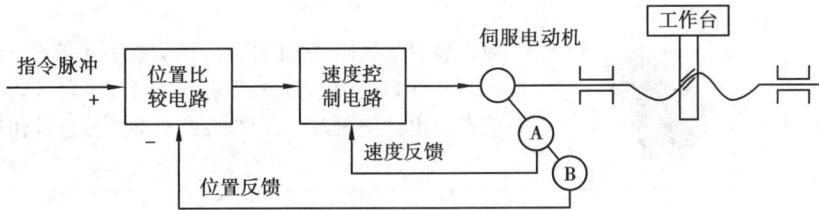

图 1-1-11   半闭环伺服系统

3)数控车床的主要加工对象

(1)轮廓形状特别复杂的回转体零件

一般的数控车床都具有直线插补功能和圆弧插补功能,甚至部分数控车床具有非圆曲线插补功能,因此,数控车床可以加工由任意直线和平面曲线组成的复杂回转体零件。这些零件有的甚至无法用普通车床进行加工。

(2)精度要求高及难以控制尺寸的回转体零件

零件的精度要求主要是尺寸、形状、位置精度及表面粗糙度等。如果采用普通车床进行加工,则这些零件精度将很难或无法保证,但在数控车床上可通过数控车床的精度及特殊切削功能轻易得到保证。对一些具有封闭内腔的成型面零件,往往存在孔口小、内腔大,甚至有些尺寸无法用常规的测量手段进行测量,对这些零件,采用数控车床加工较为适合。

(3)带异形螺纹的回转体零件

对任何导程的圆柱、圆锥和端面螺纹,甚至是增导程、减导程、变导程之间平滑过渡螺纹,以及高精度的模数螺纹和盘形螺旋零件等,在普通车床上无法加工的,在数控车床上都能加工。

4)数控车床的组成

数控车床一般由输入/输出装置、数控装置(CNC 单元)、伺服系统、辅助装置、测量反馈装置及机床主体等组成。数控车床的组成部件见表 1-1-3。

表 1-1-3　数控车床的组成部件

组成部分	部件名称及图示	功能说明
输入/输出装置	RS-232C 串行通信接口 	数据传输线接口,一般有 9 芯(DB-9)和 25 芯(DB-25),为了防止信号干扰,数据传输线要有良好的屏蔽层,屏蔽层的两端焊接在插头的金属外壳上
	USB 接口	同计算机上的 USB 接口一样,用于数据的输入与输出
	操作面板 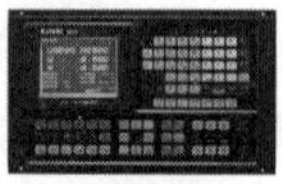	主要由机床控制面板和 MDI 键盘组成。机床控制面板主要用于机床机械部分和系统软件的控制,MDI 键盘主要用于程序编辑、参数的输入、输出等
数控装置	计算机 	数控装置是数控系统的核心,接受数字化信息,经过数控装置的控制软件和逻辑电路进行译码、插补、逻辑处理后,将各种指令信息输出给伺服系统,伺服系统驱动执行部件作进给运动
	显示屏 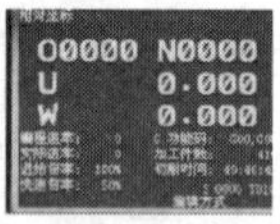	人机对话窗口可显示机床的各种参数和功能
伺服系统	驱动装置 	驱动装置位于数控装置和机床之间,是机床与数控装置的联系环节,包括主轴驱动单元、进给单元等
	驱动电动机 	常用的伺服驱动电动机有步进电动机、直流伺服电动机和交流伺服电动机
辅助装置	可编程序控制器(PLC) 	是一种以微处理器为基础的通用型自动控制装置,专为在工业环境下应用而设计的,已成为数控机床不可缺少的控制装置

续表

组成部分	部件名称及图示	功能说明
测量反馈装置	光栅尺 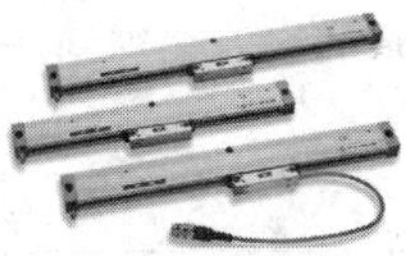	光栅尺位移传感器(简称光栅尺),是利用光栅的光学原理工作的测量反馈装置。可用作直线位移或者角位移的检测。其测量输出的信号为数字脉冲,具有检测范围大、检测精度高、响应速度快的特点
	脉冲编码器 	脉冲编码器是一种光学式位置检测元件,编码盘直接装在电动机的旋转轴上,以测出轴的旋转角度位置和速度变化,其输出信号为电脉冲
	感应同步器 	感应同步器是利用电磁原理将线位移和角位移转换成电信号的一种装置。根据用途,可将感应同步器分为直线式和旋转式两种,分别用于测量线位移和角位移
	旋转变压器 	旋转变压器是一种电磁式传感器,又称同步分解器。它是一种测量角度用的小型交流电动机,用来测量旋转物体的转轴角位移和角速度。它由定子和转子组成。其中,定子绕组作为变压器的原边,接受励磁电压;转子绕组作为变压器的副边,通过电磁耦合得到感应电压
机床主体	导轨 	机床导轨的功能就是支承和导向,保证运动部件在外力的作用下能准确地沿着一定的方向运动
	主轴箱 	通过主轴电动机带动主轴转动
	进给机构 	通过 X 轴或 Z 轴进给电动机带动滚珠丝杠旋转,工作台实现纵向、横向移动,实现刀具运动而进行切削
	卡盘 	用来装夹工件,带动工件旋转
	尾座 	尾座可与顶尖、钻夹头等配合使用,完成工件的支顶装夹或完成钻削加工

续表

组成部分	部件名称及图示	功能说明
机床主体	换刀装置	主要组成部分有伺服电动机、刀架等,形式有排式刀架、转塔刀架和盘式回转刀架
	同步齿形带	同步齿形带以钢丝绳为中心层,以聚氨酯橡胶浇注成型硫化而制成,工作面呈齿形的胶带。该带综合了胶带、链条和齿轮传动的优点,可保证主动轮、从动轮的同步传动,主要用于同步传动装置
	润滑装置	实现对机床导轨、丝杠、进给系统的自动润滑

拓展训练

一、理论训练

1. 数控车床由哪几部分组成?它们各有什么作用?

2. 什么是数控技术?什么是计算机数控?

3. 简述数控机床的发展趋势。

4. 按不同的分类方法,简述数控车床的分类。

5. 简述数控车床加工零件的特点。

二、技能训练

填写如图 1-1-12 所示数控车床的组成名称。

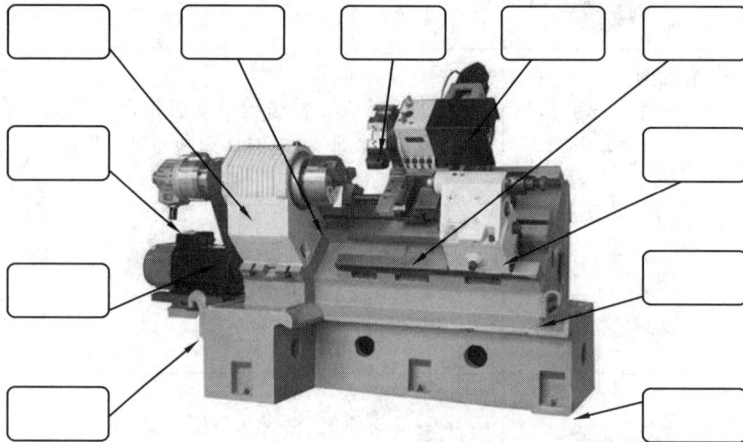

图 1-1-12　数控车床的组成

子任务 1.2　数控车床的对刀

任务描述

通过在数控车床上完成外圆车刀的对刀,理解数控车床坐标系、工件坐标系等相关概念,能够正确操作机床,会使用机床操作面板及控制面板,能正确安装数控外圆车刀及工件。

任务目标

1. 知道数控车床坐标系与工件坐标系的关系。
2. 能对机床操作面板及控制面板进行正确操作。
3. 能够正确安装数控刀具及工件。
4. 能够阐述对刀原理、目的和作用。
5. 知道数控车床开机后回参考点的作用。

任务引导

①数控车床开机后,为什么要进行回参考点操作?

②如何理解数控车床坐标系? 已经有了数控车床坐标系,为什么还要设置工件坐标系?

③查阅资料,说明数控车床为什么要进行对刀。

④查阅资料,认识机床操作面板及控制面板各功能键的作用。

⑤说明在普通车床上安装工件、安装车刀的注意事项。

任务实施

1)数控车床操作

①开机及回零操作。打开电源开关→按下系统启动按钮 [图] →松开急停按钮 [图] (注意按钮上的箭头方向)→选择回零模式 [图] →按 [图] 键(刀架沿 X 轴正向移动,指示灯亮表示已回 X 轴零点)→按 [图] 键(刀架沿 Z 轴正向移动,指示灯亮表示已回 Z 轴零点)→按 [POS] 键,查看机床机械坐标值是否为零。

②现场指出机床操作面板及控制面板上各按键的名称及功能。

2)数控车床的对刀操作

(1)工件的安装

①将卡盘调整至大于毛坯直径,将毛坯放入卡盘中,并用卡盘扳手进行预紧,以防止毛坯从卡盘上掉落,如图 1-2-1 所示。

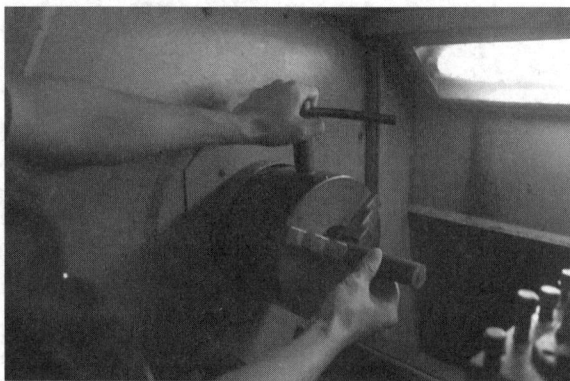

图 1-2-1　装夹工件

②用钢板尺测量毛坯伸出长度,保证毛坯伸出长度大于被加工工件的总长,伸出长度比加工工件长度长 5 ~ 10 mm,如图 1-2-2 所示。

③确定夹持长度与伸出长度后,必须用加力棒进行最终锁紧,以保证夹紧力的大小,如图 1-2-3 所示。

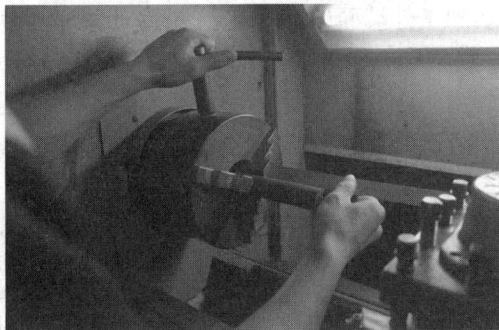

图 1-2-2　保证伸出长度

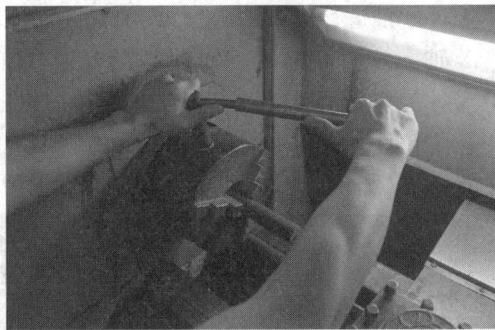

图 1-2-3　夹紧工件

(2)刀具的安装

①准备好相关刀具及垫片,保证刀具及刀架的整洁,将刀具放在需要的刀位上,保证刀具的伸出长度。一般刀具的伸出长度不超过刀杆厚度的 1.5 倍,如图 1-2-4 所示。

(a)刀具伸出太长

(b)正确伸出长度

图 1-2-4　刀具安装长度

②调整刀具高度,保证刀具的刀尖对准工件的回转中心。保证刀尖高度时,可先用刀架扳手将车刀进行预紧,预紧后将车刀旋转至尾座顶尖一侧,利用顶尖轴线等高于主轴轴线高度的特点来检查刀具刀尖高度是否等高于主轴轴线。可通过手动方式或手轮方式将刀架移动到如图 1-2-5所示的位置来进行判断。

③车刀高度及角度位置调整合格后,紧固刀架螺钉,一般要紧固两个螺钉。紧固时,应轮换逐个拧紧。

图 1-2-5　调整刀具高度

(3)数控车刀对刀

在数控加工中,对刀的方法有试切对刀、对刀仪对刀、ATC 对刀及自动对刀等。这里以 T0101 刀具为例,只介绍试切对刀方法。其对刀具体步骤如下:

①确保机床正常工作,并安装好刀具及工件。

②设定主轴转速及刀具:选定"MDI 模式"→输入"M03 S500;T0101;"→按"循环启动",使工件旋转。

③选定"手轮模式"→选择 X 轴或 Z 轴→调整手轮倍率→使刀具接近工件。

④对 Z 轴进行对刀:调整刀具位置→保证刀具切削工件端面(切平即可)→保证 Z 轴不动→退出 X 轴→按"偏置"键→光标移至 1 号刀位→输入"Z0.0"→按"测量"键,如图 1-2-6 所示。

⑤对 X 轴进行对刀:调整刀具位置→保证刀具切削工件外圆表面→保证 X 轴不动→退出 Z 轴→停止主轴旋转→测量加工工件直径→按"偏置"键→光标移至 1 号刀位→输入工件外圆测量值→按"测量"键即可,如图 1-2-7 所示。

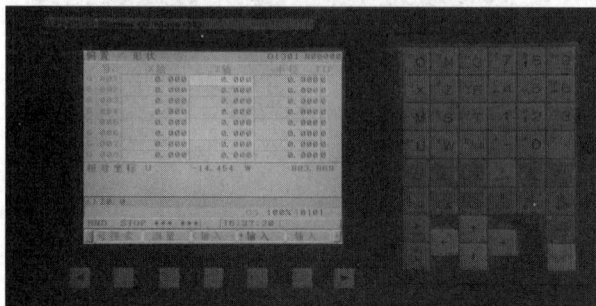

图 1-2-6　工件 Z 轴对刀输入　　　　图 1-2-7　工件 X 轴对刀输入

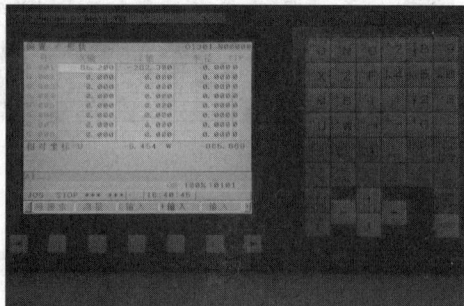

任务评价

通过数控车床的对刀操作,在操作过程中,各项工作完成如何,请将评价结果填入表 1-2-1 中。

表 1-2-1　数控车床对刀评价表

序号	项　目	检测内容	配分	评分标准	评价方式		
					自评	互评	师评
1	数控车床操作面板	各功能键的作用	10	了解程度			
2	数控车床控制面板	各功能键的作用	10	了解程度			
3	坐标系	数控车床坐标系、工件坐标系	15	理解程度			
4	数控车床操作	操作动作是否规范	15	规范程度			
5	工件	工件安装	10	是否正确			
6	外圆车刀	刀具安装	10	是否正确			
7	外圆车刀	对刀是否正确	30	正确程度			
合计(总分)			100				

任务总结

通过数控车床的对刀,对数控车床的操作及对刀过程有何体会,请进行总结,并填入表1-2-2中。

表 1-2-2　数控车床对刀总结表

引导性问题	体会与感悟
完成本任务最成功之处	
完成本任务最失败之处	
你认为本次任务的难点	
改进方法及措施	

知识解析

1)数控机床坐标系

(1)机床坐标系

机床坐标系是明确刀具在数控机床中运动的依据,同时简化编制程序,并使程序具有互换性。目前,数控机床坐标轴的指定方法已标准化。

标准的坐标系采用右手直角笛卡儿坐标系,如图1-2-8所示。大拇指的方向为X轴的正

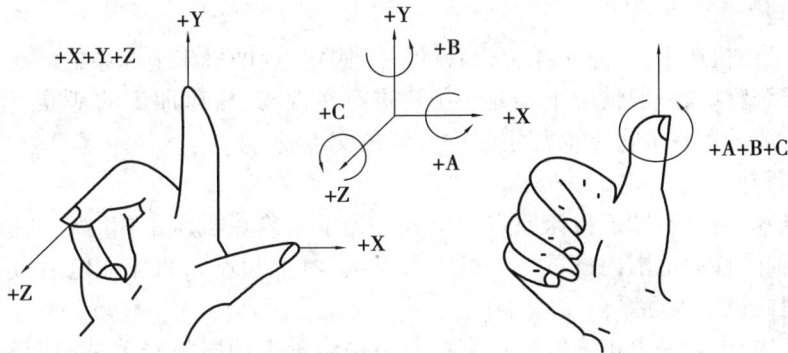

图 1-2-8　右手直角笛卡儿坐标系

方向,食指的方向为 Y 轴的正方向,中指的方向为 Z 轴的正方向。A,B,C 分别表示其坐标轴平行于 X,Y,Z 轴的旋转坐标,A,B,C 的正方向是按照右旋螺纹前进的方向进行确定的。

数控车床的加工动作主要分为刀具的直线运动和工件的旋转运动两个部分。在确定机床坐标系的方向时,规定:永远假定刀具相对于静止的工件而运动。对机床坐标系的方向,统一规定增大工件和刀具之间距离的方向为正方向。

(2)数控车床坐标系的方向

①Z 轴坐标方向

Z 坐标的运动主要是由传递切削动力的主轴所决定的。对具有旋转主轴的车床,其主轴及主轴轴线都称为 Z 坐标轴。根据坐标系正方向的确定原则,刀具远离工件的方向为该轴的正方向。

②X 坐标方向

X 坐标一般为水平方向并垂直于 Z 轴。对工件旋转的机床(车床),X 坐标方向规定在工件的径向上且平行于车床的横导轨。同时,也规定其刀具远离工件的方向为 X 轴的正方向。

③Y 坐标方向及各轴的确定方法

Y 坐标垂直于 X,Z 坐标轴。按照右手直角笛卡儿坐标系确定机床坐标系中各坐标轴时,应根据主轴首先确定 Z 轴,然后确定 X 轴,最后确定 Y 轴。刀架前置和后置的数控车床坐标系如图 1-2-9 和图 1-2-10 所示。

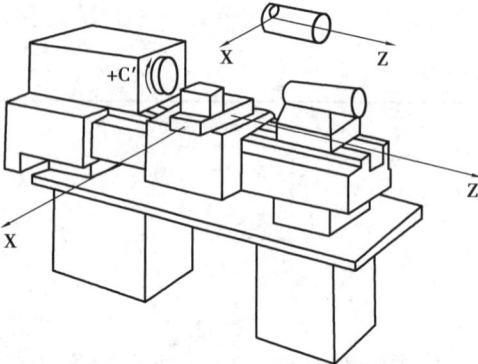

图 1-2-9　刀架前置的数控车床坐标系　　　　图 1-2-10　刀架后置的数控车床坐标系

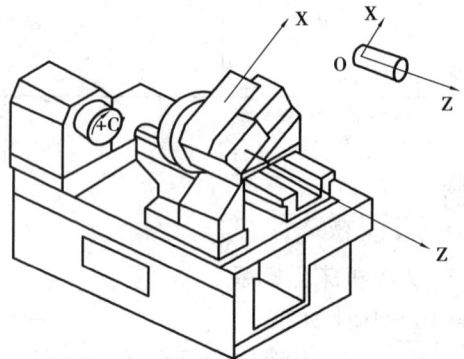

(3)机床原点与机床参考点

①机床原点

机床原点又称机床零点,是机床上设置的一个固定点,即机床坐标系的原点。它在机床装配、调试时就已调整好,一般情况下不允许用户进行更改,是机床加工的基准点。在数控车床上,机床原点一般设置在卡盘端面与主轴中心线的交点处。

②机床参考点

数控装置通电时并不知道机床原点的位置。为了正确在机床工作时建立机床坐标系,通常在每个坐标轴的移动范围内设置一个机床参考点(测量起点),机床通电后进行机动或手动回参考点,以建立机床坐标系。

机床参考点的位置是由机床制造厂家在每个进给轴上用限位开关精确调整好的,是一个固定位置点,其坐标值已经输入数控系统中。因此,参考点对机床原点的坐标是一个已知数。

机床原点和机床参考点可以重合,也可以不重合。但是,在数控车床上的机床原点和机床参考点不重合。

(4)工件坐标系

机床坐标系的建立保证了刀具在机床上的正确运动。但是,加工程序的编制通常是针对某一工件并根据零件图样进行的。为了便于尺寸计算与检查,加工程序的坐标系原点,一般都尽量与零件图样的尺寸基准相一致。这种针对某一工件并根据零件图样建立的坐标系,称为工件坐标系(又称编程坐标系)

工件坐标系原点也称编程原点,是指工件装夹完成后,选择工件上的某一点作为编程或工件加工的基准点。数控车床工件坐标系原点一般选在工件右端面的回转中心处。

2)数控车床对刀相关知识

(1)数控车床对刀原理

对刀的实质就是确定工件在数控车床坐标系中的具体位置,即确定工件坐标系与数控车床坐标系之间的关系。机床坐标系是机床的唯一基准,机床坐标系原点是机床运动的唯一基准点。它们之间的关系如图1-2-11所示。

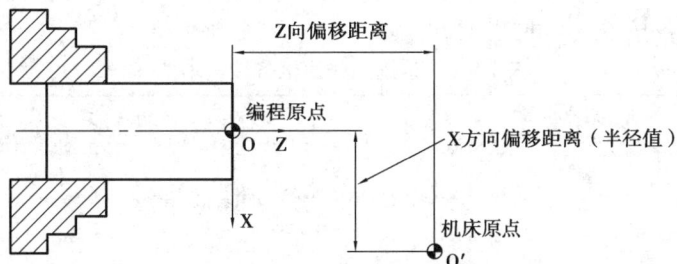

图 1-2-11　数控车床对刀原理

编程人员在对工件进行编程时,是以工件坐标系为基准进行刀具(刀尖)运动轨迹的描述,由于刀尖的初始位置(机床参考点)与工件坐标系中的工件原点存在 X 方向偏移距离和 Z 向偏移距离,因此,必须将该距离测量出来,并输入数控系统,使数控系统根据此值来调整刀尖的运动轨迹。

(2)对刀点

对刀点也称起刀点,程序执行时刀具相对于工件运动的起点。对刀点可选择在工件上,也可选择在机床或夹具上,但必须与工件的定位基准有确定的尺寸关系,这样才能确定工件坐标系与机床坐标系的关系。对刀点的选择原则是:尽量使加工程序的编制工作简单方便;在机床上找正容易,加工过程中便于检查;便于确定工件坐标系与机床坐标系的相互位置;引起的加工误差小。

(3)换刀点

所谓换刀点,就是刀架转位换刀的位置。该点可以是一个固定点,也可以是一个任意点。对数控车床的换刀点,它的确定原则是换刀时刀具不能碰到工件、夹具及机床的任何部位。

3)数控车床面板认识

(1)数控系统 MDI 功能键

系统操作面板如图1-2-12所示。

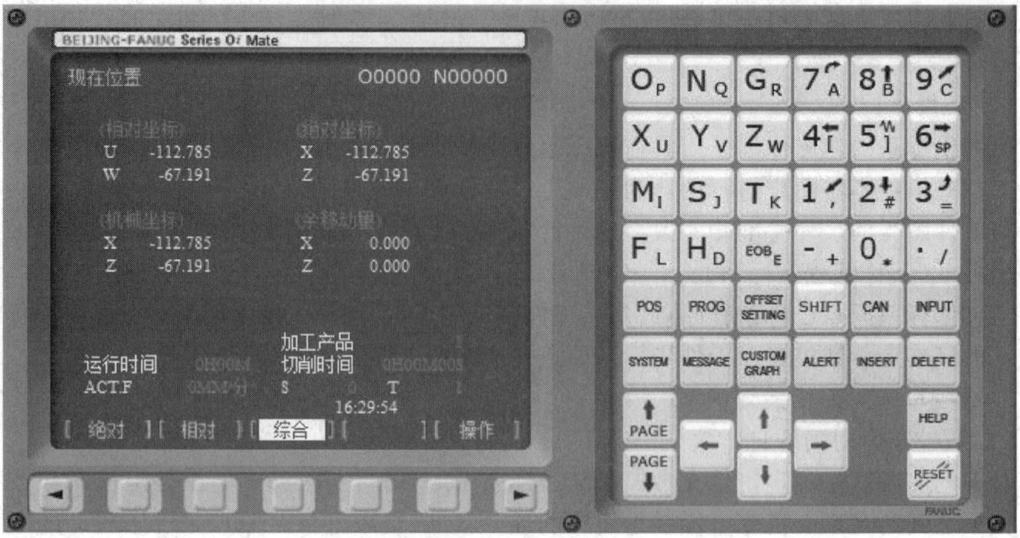

图 1-2-12　系统操作面板

系统操作面板各按键功能见表 1-2-3。

表 1-2-3　系统操作面板各按键功能

名　称	按键图	功　能
复位键	 RESET	可使 CNC 复位、消除报警等
帮助键	 HELP	按此键可用来显示如何操作机床
光标移动键	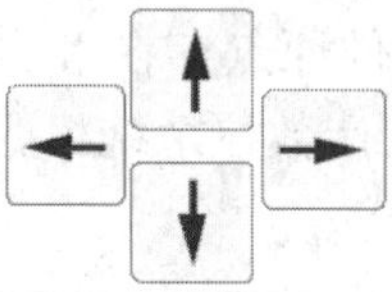 ↑ ← → ↓	可上下、左右移动光标
翻页键	 PAGE↑ PAGE↓	可向前或者向后翻页
换挡键	 SHIFT	有些键的顶部有两个字符,按换挡键可在两个字符中间进行切换
取消键	 CAN	用于删除已输入缓冲器里的最后一个字符或符号
输入键	 INPUT	按下此键,可输入参数或补偿值等,也可在 MDI 方式下输入命令数据

续表

名　称	按键图	功　能
替换键	ALERT	用于程序编辑过程中程序字的替换
插入键	INSERT	用于程序编辑过程中程序字的插入
删除键	DELETE	用于删除程序字、程序段及整个程序
换行键	EOB_E	程序段结束时,按此键产生分号并换行
地址/数字/符号键	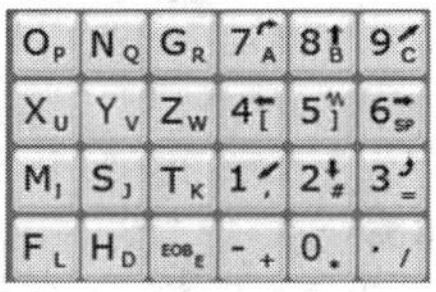 (地址/数字/符号键盘)	输入字母、数字、符号等字符
位置键	POS	可显示机床的坐标位置,包括工件坐标系、相对坐标系和综合坐标系的位置
程序显示编辑键	PROG	在 EDIT 方式下,编辑、显示存储器里的程序;在 MDI 方式下,显示 MDI 数据,并且可输入一程序段,进行 MDI 工作方式;在机床自动操作时,显示程序指令值
偏置键	OFFSET SETTING	按此键显示刀偏/设定(SETTING)画面和宏程序变量。可进行刀具磨损补偿、刀具几何补偿、对刀参数设置及工件坐标系原点偏置等操作
系统键	SYSTEM	按此键显示系统画面,可进行系统参数的设置
报警信息键	MESSAGE	用于显示 NC 报警信号信息、报警记录等
图形显示键	CUSTOM GRAPH	用于显示刀具轨迹等图形信息

(2)机床控制面板按键及功能

机床控制面板如图 1-2-13 所示。

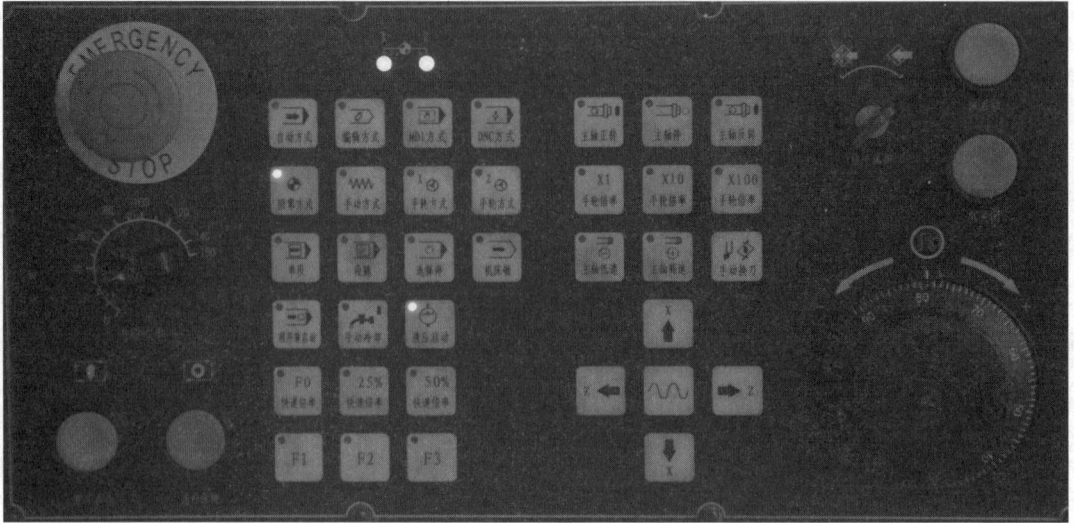

图 1-2-13　机床控制面板

机床控制面板各按键功能见表 1-2-4。

表 1-2-4　机床控制面板各按键功能

名　称	按键图	功　能
急停按钮		按下急停按钮,使机床立即停止,并且所有输出都会关闭
系统电源开关		按下 NC 启动,向机床润滑、冷却等机械部分及数控系统供电 　按下 NC 关闭,机床润滑、冷却等机械部分及数控系统断电
自动运行模式		用于自动执行数控程序进行加工
编辑模式		用于直接通过 MDI 面板输入数控程序和编辑程序
MDI 模式		用于手动数据输入的操作

续表

名　　称	按键图	功　　能
程序传输模式	DNC方式	用于机床与计算机之间的数据传输
回参考点键	回零方式	选择机床回零操作模式
手动方式模式	手动方式	用于手动切削进给或手动快速进给
手轮方式	X 手轮方式　Z 手轮方式	通过手轮控制 X,Z 轴的连续运动,可进行倍率的调整
单段程序运行	单段	在自动加工模式下按下此键,每按一次循环启动,执行一段程序后暂停
跳段程序运行模式	段跳	当该按钮按下时,程序段前加"/"符号的程序段将被跳过不再执行
选择停止	选择停	在自动加工模式下按下此键,程序执行到含有 M01 指令的程序段时,暂停执行,再按循环启动键,程序将继续往下执行
机床锁	机床锁	机床不移动,但坐标位置的显示和机床运动时一致,并且程序中 M,S,T 都能执行
程序重启动	程序重启动	在加工过程中出现刀具损坏,突然停电等加工到一半停止,可使用该功能使程序从断电的地方启动
手动冷却	手动冷却	手动开启冷却液
液压启动	液压启动	开启液压系统
快速倍率百分比	F0 快速倍率　25% 快速倍率　50% 快速倍率	快速移动速度的调整

续表

名　称	按键图	功　能
主轴控制键	主轴正转　主轴停　主轴反转	主轴正转、停止、反转
手轮倍率键	X1　X10　X100　手轮倍率	手轮操作模式下的 3 种不同增量步长,手轮每格移动分别为 0.001,0.01,0.1 mm
主轴转速百分比	主轴低速　主轴高速	调节主轴转速百分比,可改变程序中给定的 S 代码速度。此键在任何状态下均起作用
手动换刀模式	手动换刀	在手动模式下,可进行手动换刀
"JOG"进给及其进给方向	X↑　Z←　→Z　X↓	在手动模式下,按下指定轴的方向键不松开,即可指定刀具沿指定的方向进行手动连续慢速进给,速率可通过进给速度倍率旋钮进行调节 按下指定轴的方向键不松开,同时按下中间位置的快速按键,即可实现自动快速进给
程序保护	程序保护	当程序保护开关处于关闭时,即使在编辑状态下,也不能对 NC 程序进行编辑操作
进给百分比	进给倍率 %	自动程序运行时,对进给量进行百分比调整;手动时,对连续进给的速度进行调整
进给保持循环启动	循环启动　进给保持	程序、MDI 指令运行暂停与启动

拓展训练

一、理论训练

1. 什么是数控机床坐标系？什么是工件坐标系？
2. 数控车床的坐标轴是怎样确定的？
3. 数控车床为什么要进行对刀？
4. 工件的安装要点是什么？
5. 简述数控车刀的安装要点。

二、技能训练

1. 通过对第一把外圆车刀的安装,完成第二把切槽车刀的安装。
2. 完成第二把切槽车刀的对刀。

子任务 1.3　数控车床程序的输入与仿真

任务描述

将表 1-3-1 中的程序输入数控车床,并进行修改、校验仿真操作。

表 1-3-1　仿真程序

程序内容	程序构成
O1301；	程序名
N0005　G98　G40　G97；	程序内容
N0010　T0101；	
N0015　M03　S500；	
N0020　G00　X52　Z2；	
N0025　G01　X28　F200；	
N0030　Z0；	
N0035　X30　Z－1；	
N0040　Z－20；	
N0045　X40；	
N0050　Z－35；	
N0055　X52；	
N0060　G00　Z2；	
N0065　X100　Z100；	
N0070　M05；	
N0075　M30；	程序结束

任务目标

1.知道数控车床程序段的基本构成及格式。

2.能够通过数控车床操作面板输入、编辑、修改程序以及调用、仿真程序。

3.初步知道准备功能指令(G 指令)、辅助功能指令(M 指令)、进给功能、刀具功能及主轴功能。

任务引导

1)输入程序引导

观察表 1-3-1 中的仿真程序,一个完整的程序都有哪几部分组成? 试写出程序段的组成。

2)指令引导

查阅资料,初步认识准备功能(G 代码)指令和辅助功能(M 代码)指令。

3)操作引导

复习数控车床系统操作面板上各按键的功能。

任务实施

1)程序、程序段和程序字的输入与编辑

要对程序进行输入及编辑,首先保证程序保护锁 处于打开状态。

(1)建立新程序

现以新建名为 O0310 程序为例进行练习。

选择模式按键"EDIT"→按下程序键"PROG"→输入"O0310"→按下"INSERT"键→按下"EOB"键→按下"INSERT"键,即可完成新程序名的创建。

(2)调用内存中的存储程序

现以调用程序名为 O0311 为例进行练习。

选择模式按键"EDIT"→按下程序键"PROG"→输入地址 O 及要调用的程序名,即 O0311→按下光标向下移动键,屏幕上即可显示需要的程序。

(3)删除程序

选择模式按键"EDIT"→按下程序键"PROG"→输入地址 O 以及要删除的程序名,如 O0311→按下"DELETE"键,即可删除程序 O0311。

如果要删除内存储器中的所有程序,只要输入"O-9999",按下"DELETE"键,即可删除内存储器中的所有程序。

(4)删除程序段

选择模式按键"EDIT"→按下程序键"PROG"→调出程序→用光标移动键检索或扫描到将要删除的程序段地址 N→按下"EOB"键→按下"DELETE"键,即可将当前光标所在的程序段删除。

(5)程序字的操作

①扫描程序字

在编辑模式下,按下光标向左、向右或向下、向上移动键 ⬛,光标将在屏幕上向左、向右或向下、向上移动一个地址字。按下 ⬛ 或 ⬛ 键,光标将向前或向后翻页显示。

②光标跳到程序开头

在编辑模式下,按下 ⬛ 键即可将光标跳到程序开头。

③插入一个程序字

在编辑模式下,扫描到要插入位置前的字,输入要插入的地址字和数据,按下"INSERT"键即可。

④字的替换

在编辑模式下,扫描到要替换的字,输入要替换的地址字和数据,按下"ALTER"键即可。

⑤字的删除

在编辑模式下,扫描到要删除的字,按下"DELETE"键即可。

⑥输入过程中字的取消

在程序字符的输入过程中,如果发现当前字符输入错误,则按一次 ⬛ 键,即可删除一个当前输入的字符。

2)程序的输入与仿真

(1)在编辑模式下程序的输入

输入完整的程序如下(见图 1-3-1):

O1301;　　　　　　　　　　　//按"EOB"键→再按"INSERT"键

N0005　G98　G40　G97;　　　//按"EOB"键→再按"INSERT"键

N0010　T0101;　　　　　　　　//按"EOB"键→再按"INSERT"键

…

N0075　　M30　　　　　　　　　　　　//按"EOB"键→再按"INSERT"键

（2）程序的仿真校验

选择模式按键"EDIT"→按下程序键"PROG"→输入"O1301"→按下向下移动键→调出校验的加工程序→选择按键"AUTO"→按下机床锁定按钮"MC LOCK"→按"CUSTOM GRAPH"键→按显示软件"GRAPH"→按"循环启动"键，屏幕上即可绘制出刀具的运动轨迹，如图1-3-2所示。

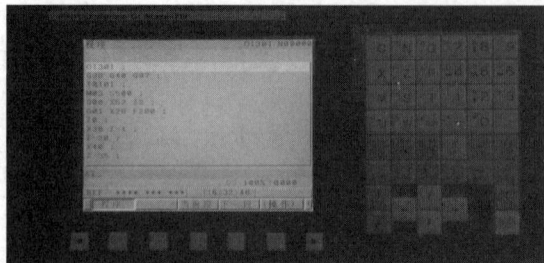

图1-3-1　程序输入　　　　　　　　　　　图1-3-2　图形仿真

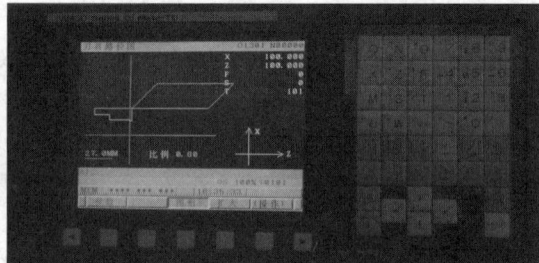

任务评价

通过对程序的输入，观察学生操作机床的规范性，并对学生的操作过程进行评价，再将评价结果填入表1-3-2中。

表1-3-2　程序输入评分表

序号	项　目	检测内容	配分	评分标准	评价方式		
					自评	互评	师评
1	程序录入	程序的编辑	40	正确率高			
2	机床操作	各功能键的使用	40	能否正确使用			
3	程序理解	对程序的认识	20	理解程度			
合计（总分）			100				

任务总结

通过对程序的输入，总结对数控程序的初步认识及数控机床的操作感受，并填入表1-3-3中。

表1-3-3　程序输入总结表

引导性问题	体会与感悟
完成本任务最成功之处	

续表

引导性问题	体会与感悟
完成本任务最失败之处	
你认为本次任务的难点	
改进方法及措施	

📚知识解析

数控加工程序及程序段

不同的数控系统有不同的程序格式,因此,编程人员在编程之前,必须充分了解具体数控系统的程序格式。

(1)程序构成

一个完整的程序由程序名、程序内容和程序结束 3 个部分组成。

O0020;	程序名
N0005　G98　G40　G17　G49;	
N0010　M03　S500;	
N0015　T0101;	
N0020　G00　X52　Z2;	程序内容
N0025　G01　X48　Z0　F200;	
N0030　G01　Z-30;	
N0035　M05;	
N0040　M30;	程序结束

①程序名

在加工程序的开头要有程序名,以便进行程序检索。程序名就是给零件加工程序一个编号,并说明零件加工程序开始。常用符号"%"或"O"及其后 4 位十进制数表示。4 位数中若前面为 0,则可省略,如%0001 等效于%1,或者 O0010 等效于 O10。

②程序内容

程序内容是整个程序的核心。它由许多程序段组成,每个程序段由一个或多个指令构成,数控车床的动作基本由它完成。

③程序结束

以辅助指令 M02(程序结束)或 M30(程序结束,返回程序起点)作为整个程序结束为标志。

（2）程序段格式

程序段是代表控制信息字的集合。以某个顺序排列的字符集合,称为字。控制信息是以字为单位进行处理的。在一个程序段中,字的书写规则称为程序段格式。目前,广泛应用的是文字-地址程序段格式,见表1-3-4。这种格式由语句号字、数据字和程序段结束等组成。各字前有地址,字的排列顺序要求不严格,数据的位数可多可少,使用非常方便。

表1-3-4　文字-地址程序段格式

N	G	X	Z	F	S	T	M	;
程序段号	准备功能	尺寸字		进给功能	主轴功能	刀具功能	辅助功能	程序段结束

①程序段号 N

程序段号一般位于程序段之首,用地址码 N 和后面的若干位数字表示。数控装置读取某段程序时,该程序段序号由屏幕显示,以便操作人员了解或检查程序的执行情况。

②准备功能字 G

准备功能指令由字母 G 和后续两位数字组成,见表1-3-5。它表示不同机床的操作动作,是用来建立机床或数控系统工作方式的一种命令,使数控机床做好某种操作准备。

G 代码分为模态代码和非模态代码。模态代码表示该代码一经在某一个程序段中指定,直到以后程序段中出现同一组的另一代码才失效;非模态代码只在指令出现的程序段中才有效。

表1-3-5　准备功能 G 代码

G 代码	组别	功　能	G 代码	组别	功　能
G00		快速点定位	G40		取消刀尖圆弧补偿
G01	01	直线插补	G41	07	左补偿
G02		顺时针圆弧插补	G42		右补偿
G03		逆时针圆弧插补	G54		选择工件坐标系1
G04		暂停	G55		选择工件坐标系2
G10	00	可编程数据输入	G56		选择工件坐标系3
G11		可编程数据输入取消	G57	14	选择工件坐标系4
G17		定义 XY 坐标平面	G58		选择工件坐标系5
G18	16	定义 ZX 坐标平面	G59		选择工件坐标系6
G19		定义 YZ 坐标平面	G70		精加工循环
G20	06	英制编程	G71		外径粗车循环
G21		公制编程	G72		端面粗车循环
G27		检查参考点返回	G73	00	固定形状粗车循环
G28	00	参考点返回	G74		端面槽车削循环
G29		从参考点返回	G75		外径槽车削循环

续表

G 代码	组别	功　能	G 代码	组别	功　能
G76	00	螺纹复合加工循环	G90		单一外径切削循环
G80		固定钻孔循环取消	G92	01	单一螺纹切削循环
G83		钻孔循环	G94		单一端面切削循环
G84		攻螺纹循环	G96	12	线速度恒定
G85	10	正面镗循环	G97		转速恒定
G87		侧钻循环	G98	05	每分钟进给量
G88		侧攻螺纹循环	G99		每转进给量
G89		侧镗循环			

指令分组是将系统中不能同时执行的指令分为一组,并以编号区别。

③坐标字,

坐标字又称尺寸字,用来给定机床坐标轴位移的方向和数值。它由地址码、正负号和数值组成。例如,X60 表示 X 轴正方向 60 mm。尺寸字的地址码有 X,Y,Z,U,V,W,P,Q,R,A,B,C,I,J,K,D,H 等。

④进给功能字 F

进给功能字用来规定机床进给速度。它由地址码 F 和后面的若干位数字组成。定义进给功能主要有两种:每分钟进给量 G98(mm/min)和每转进给量 G99 (mm/r)。在车削螺纹、攻螺纹等工序中,因为进给速度与主轴转速有关,所以用 F 直接指定导程。

⑤主轴功能字 S

主轴功能字用于指定主轴转速。它由地址码 S 和后面的若干位数字组成。主轴转速指定后,对后续程序段都有效,一直到它的指令值改变为止。定义主轴功能主要有两种:指定每分钟转数 G97(r/min)和指定切削速度 G96(m/min)。

⑥刀具功能字 T

该功能用于指令加工中所用刀具号及刀具补偿号。其自动补偿主要是指刀具的刀位偏差、刀具长度补偿及刀具半径补偿。一般格式有两种:一种是 T 后面用 4 位数字表示,前两位是刀具号,后两位是刀具长度补偿号,又是刀尖圆弧半径补偿号;另一种是 T 后面用两位数字表示,前一位是刀具号,后一位是刀具长度补偿号,又是刀尖圆弧半径补偿号。

⑦辅助功能字 M

辅助功能代码又称 M 指令,是由地址码 M 和其后的两位数字组成的。常用辅助功能 M 代码见表 1-3-6。辅助功能代码属于动作功能或其他附加功能。ISO 规定 M 代码共 100 种(M00—M99)。

M 代码可以编在单独的一个程序段中,也可以与其他代码编在一起。但是,来自同组的 M 代码,后编入的 M 代码取消先前编入的 M 代码。异组的 M 代码相互无注销作用,能继续保持其原功能。

M 指令可发出或接收多种信号,用于控制机床外部开关接通或断开,如主轴启动、停止,冷却液电动机的接通、断开等,也可用于其他辅助动作。

表 1-3-6　常用辅助功能 M 代码

M 代码	功　能	M 代码	功　能
M00	程序停止	M06	更换刀具
M01	选择停止	M08	切削液开
M02	程序结束	M09	切削液关
M03	主轴正转	M30	程序结束并返回程序头
M04	主轴反转	M98	调用子程序
M05	主轴停转	M99	返回主程序

A. M00 程序停止

程序中出现 M00 指令,程序运行暂时停止(机床运动部分也相应停止)。当按下启动键时,程序继续向下执行后面的程序。

B. M01 选择停止

与 M00 相似,在包含 M01 的程序段执行以后自动运行停止,只有当机床操作面板上的选择停止开关压下时,M01 代码才有效。

C. M02 程序结束

执行指令后,机床便停止自动运转,机床处于复位状态。

D. M03 主轴正转

程序中出现 M03　S __指令时,接口发出主轴正转信号,启动主轴正转继电器。

E. M04 主轴反转

程序中出现 M04　S __指令时,接口发出主轴反转信号,启动主轴反转继电器。

F. M05 主轴停转

程序中出现 M05 指令,接口发出主轴停止转动信号,关闭主轴控制继电器。

拓展训练

一、理论训练

1. 一个完成的程序有哪几部分组成? 程序段的格式是什么?
2. 什么是模态指令和非模态指令?
3. 准备功能与辅助功能的区别是什么?
4. 简述程序校验操作的步骤及注意事项。
5. 辅助指令 M00 和 M01 指令的区别是什么?

二、技能训练

将下列加工程序输入数控系统,并进行程序校验。

O1310;

G99　G40　G80　G21;

M03　S1000;

```
T0101;
G00   X40   Z2;
G01   X30   F0.4;
      Z-20;
      X38;
      Z-50;
      X40;
G00   Z2;
      X100   Z100;
M05;
M30;
```

工作任务2
数控车削轴类零件

轴类零件是数控车床加工的典型零件。它一般涉及外圆柱面、锥体面、外径沟槽、端面、圆弧面、倒角、倒圆角等加工要素。本工作任务设置了4个子任务,每个子任务又是一项完整的工作,旨在训练学生在完成一项工作时所遵循的过程与步骤。子任务主要有数控车削光轴、数控车削锥体轴、数控车削直槽轴及数控车削仿形轴。

子任务2.1 数控车削光轴

任务描述

本任务为光轴零件,主要涉及外圆柱面、端面等加工内容。工件毛坯为 ϕ30 mm 的棒料,材料为2Al2,如图2-1-1所示。根据零件图纸要求,选择合适的刀具,规划合理的刀具路线,本任务要求采用 G01 指令编制加工程序,对零件进行仿真加工和实际加工,并对任务进行检测与评价。

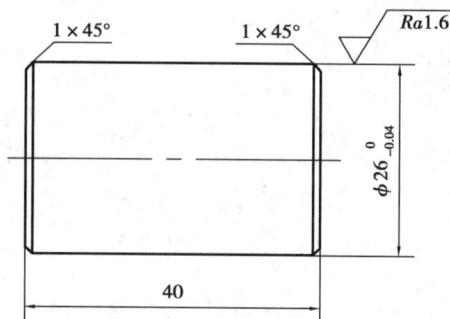

(a)零件图

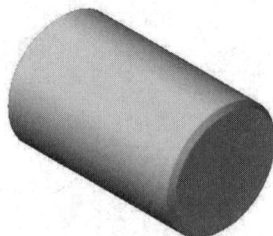

(b)实体图

图2-1-1 光轴

任务目标

1.能理解 G00,G01 指令的编程格式及参数含义,能使用该指令进行正确编程。

2.能根据加工余量合理安排走刀路线。

3.能根据零件正确选择可转位外圆车刀,并能正确选择刀片。

4.能对零件进行手动切断,并能保证零件总长。

任务引导

1)图纸引导

本零件主要由_____和_____组成。外圆轮廓的表面粗糙度为_____,外圆的尺寸精度为_____。你认为本零件的加工难点是_____
_____。

2)刀具引导

根据零件特点,完成本零件的加工都需要用到_____刀具,并画出刀具外形简图。

查阅相关资料,解释数控可转位外圆车刀刀杆型号中各代号字母的含义:MWLNR/L2020K06。

查阅相关资料,解释数控可转位外圆车刀刀片型号中各代号字母的含义:CNMG120408-PM。

3)装夹方案引导

根据毛坯和零件特点,画出装夹方案及工件原点简图。

4)加工路线引导

画出本零件在普通车床上加工路线简图。

5)编程指令引导

查阅资料,写出 G00/G01 的指令格式及参数含义,并画出指令走刀路线简图。

任务实施

1)刀具调整卡

根据图纸要求,填写光轴刀具调整卡,见表 2-1-1。

表 2-1-1　光轴刀具调整卡

任务名称		光　轴		零件图号		2-1-1	
序号	刀具号	刀具名称	刀具型号		加工表面	数量	备注
1	T0101	外圆车刀	MWLNR2020K08		外圆面、端面	1	
2	T0202	切断刀	手磨刀具		手动切断	1	
编制		审核			批准		

2)数控加工工序卡

根据图纸要求,填写光轴加工工序卡,见表 2-1-2。

表 2-1-2 光轴加工工序卡

任务名称	光 轴	零件图号		2-1-1		机床型号	CK6132
程序编号	2101	材 料		2Al2		夹具名称	三爪卡盘
工序简图							

第 1 次装夹   第 2 次装夹

工序	工步	工步内容	切削用量			G 指令	刀具编号	量具
			n /(r·min^{-1})	f /(mm·min^{-1})	a_p /mm			
1	1	粗车外圆、端面	500	150	1	G01	T0101	游标卡尺
	2	精车外圆、端面	1 000	100	0.5	G01	T0101	千分尺
	3	切断	400	手摇 0.01		手动	T0202	千分尺
2	4	调头装夹,保证总长	800	手摇 0.01		手动	T0101	千分尺
编制			审核			批准		

3)数控加工参考程序

根据图纸分析,参考零件加工程序,绘制刀具加工轨迹图,填写加工程序说明,见表 2-1-3。

表 2-1-3 光轴加工程序

图 号	2-1-1	零件名称	光 轴	编制日期	
程序名	2101	工 位		负责人	

根据参考程序,绘制刀具运动轨迹简图

续表

程序内容	程序说明
O2101;	
G98;	
T0101;	
M03 S500;	
G00 X100 Z100; X32 Z2;	
G01 X28 F150;	
Z－45;	
G00 X30;	
Z2;	
G01 X26.5 F150;	
Z－45;	
G00 X30;	
Z2;	
M03 S1000;	
G01 X24 F100;	
G01 X26 Z－1;	
Z－45;	
G00 X30;	
Z2;	
X100 Z100;	
M05;	
M30;	

4) 模拟加工

①打开仿真软件,回机床参考点。

②输入程序并进行调试。

③根据图纸和程序的要求,安装刀具及工件。

④进行对刀。

⑤仿真加工。在仿真加工过程中,对加工中出现的程序问题进行修改,以确保在实际加工中程序的正确性。

5) 实际加工

按照表2-1-4的操作引导,对光轴进行加工。

表 2-1-4　光轴加工操作引导流程表

操作项目	操作步骤	操作要点	备注
开　机	打开机床电源→打开系统按钮→复位→选择回零模式→机床 X 轴回零→机床 Z 轴回零	机床在回零时要先回 X 轴,再回 Z 轴	
装夹工件	根据工件直径调整卡爪→装夹工件→夹紧工件	注意夹紧力大小合适,注意毛坯伸出长度与工件长度相匹配	
装夹刀具	1 号刀位安装外圆车刀→2 号刀位安装切断刀	外圆车刀在安装时注意装夹刀具对刀具角度的影响;切断刀主切削刃与工件轴线平行	
输入程序	输入程序名→输入程序	程序名不能重复,程序输入要细心	
程序调试	锁定机床→调出程序→模拟仿真→找出问题→修改程序	注意刀路轨迹与编程轮廓是否一致,切削用量是否合理	
试切对刀	试切工件端面→输入 Z 值坐标→试切工件外圆→输入 X 值坐标	通过 MDI 方式进行调刀、验刀,检查刀具位置与坐标显示是否一致	
自动加工	选择自动加工模式→单段模式→按循环启动	将快速倍率旋钮调至最低,注意观察实际刀具位置与编程位置是否一致。发现加工异常,按"进给保持"键,进行处理	
尺寸控制	暂停→尺寸测量→刀具补偿→再加工	注意尺寸测量的正确性,刀具补偿值及位置输入的正确性	
检查取下	测量工件→卸下工件	注意工件轻拿、轻放	
机床维护与保养	清扫卫生→保养机床	机床保养到位	

任务评价

　　完成零件的加工后,对零件进行清洗和去毛刺工作,并对其测量,再将测量结果填入表 2-1-5 中。

表 2-1-5　光轴检测评分表

序号	项　目	检测内容	配分	评分标准	评价方式		
					自评	互评	师评
1	长度	40 ± 0.05	10	超差不得分			
2	直径	$\phi 26_{-0.03}^{0}$	20	超差不得分			
3	倒角	$1 \times 45°$	10	超差不得分			
4	表面质量	表面粗糙度 $Ra1.6 \mu m$	10	降级不得分			

续表

序号	项 目	检测内容	配分	评分标准	评价方式		
					自评	互评	师评
5	职业素养	安全操作	20	安全文明生产			
		工量具使用	15	正确使用			
		机床保养	15	保养合格			
合计（总分）			100				

任务总结

通过本零件的加工,你对学习及加工过程有何体会,请进行总结,并填入表 2-1-6 中。

表 2-1-6　光轴加工总结表

引导性问题	体会与感悟
完成本任务最成功之处	
完成本任务最失败之处	
你认为本次任务的难点	
改进方法及措施	

知识解析

1)相关刀具知识

俗话说"车工一把刀",可见车刀对车削加工的重要性。目前,在数控车床实际生产中,手工磨削的车刀用得较少,主要采用可转位车刀。在选择可转位车刀时,一般根据所加工零件的结构特点来选择合适型号的车刀。可转位车刀是利用机械夹固的方式将可转位刀片固定在刀槽中而组成的车刀。当刀片上一条切削刃磨钝后,松开夹紧机构,将刀片转过一个角度,调换一个新的刀刃,夹紧后即可继续进行切削。

（1）可转位车刀的特点

①实现刀具尺寸的预调和快速换刀,节省辅助时间,提高生产效率。

②刀片未经焊接,无热应力,可充分发挥刀具材料性能,耐用度较高。

③刀杆重复使用,降低刀具费用。

④能使用涂层刀片、陶瓷刀片、立方氮化硼和金刚石复合刀片。

⑤结构复杂,加工要求高,一次性投入较大,并且不能随意刃磨刀片,使用起来不太灵活。

⑥刀片的几何参数和切削参数具有规范化、典型化。

（2）可转位车刀刀柄型号表示方法

可转位车刀刀柄的型号是由按规定顺序排列的一组字母和数字组成,如图 2-1-2 所示。

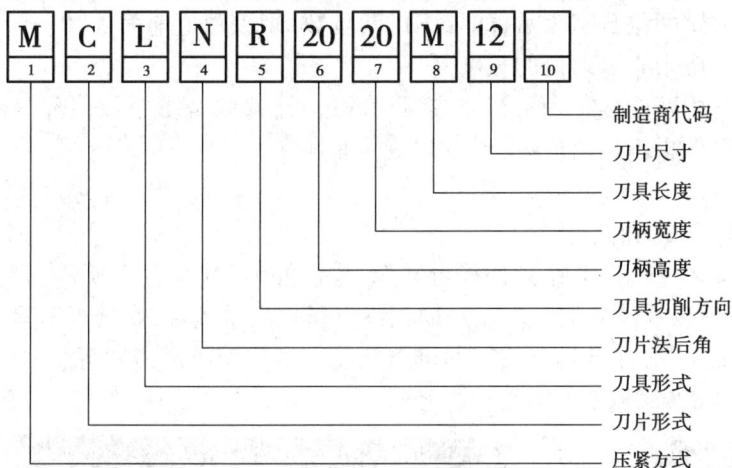

图 2-1-2　可转位外圆车刀刀柄型号表示规则

①可转位车刀的刀片夹紧结构及特点见表 2-1-7。

表 2-1-7　可转位车刀的刀片夹紧结构及特点

压紧名称	上压式	上压及销钉式	杠杆式	螺钉夹紧式
结构示意图				
代号	C	M	P	S
主要特点	夹紧元件小,夹紧可靠,装卸容易,排屑受一定影响	结构简单,夹紧力大,使用方便,但定位销受力后容易变形,刀片易翘起,刀片底平面与刀垫间会产生缝隙	定位精度高,使用方便,车削时稳定性好,但结构和制造工艺比较复杂,对刀片四周与底面的垂直度要求较高	结构简单,零件少,定位精度高,容屑空间大,但刀片装卸、转位时需将螺钉从刀片孔中取出,使用不方便

②刀片形状。刀片形状与加工对象、刀具主偏角和刀尖角等有关。不同的刀片形状有不同的刀尖强度。一般刀尖角越大,刀尖强度越大,反之亦然。

③刀具形状。有台阶的工件,可选择主偏角等于或大于 90°的刀杆。一般粗车选用主偏角 45°~90°的刀杆,精车时选 45°~75°的刀杆,仿形车可选 45°~107.5°的刀杆。工艺系统刚性好时,可选较小值;工艺系统刚性较差时,可选较大值。

41

④刀片法后角的代号。一般粗加工、半精加工可用 N 型；半精加工、精加工可用 C,P 型；加工铸铁、硬钢可用 N 型；加工不锈钢可用 C,P 型；加工铝合金可用 P,E 型。

⑤刀具切削方向。选择刀具的切削方向时,要考虑车床刀架是前置刀架还是后置刀架,前刀面是向上还是向下,主轴的旋转方向和进给方向等。主要有右切(R)、左切(L),以及左、右切(N)3 种类型。

⑥刀柄高度。用两位数字表示,当刀尖高度与刀柄高度不相等时,以刀尖的高度数值为代号,如果不足两位数,则该数值前面加"0"。

⑦刀柄宽度。用两位数字表示,如果不足两位数,则该数值前面加"0"。

⑧刀具长度。用来表示刀柄的长度。

⑨刀片尺寸。用两位数字表示车刀或刀片的边长,选取舍去小数值部分的刀片切削刃长度数值作为代号。如果不足两位数,则该数值前面加"0"。

⑩制造商代号。

（3）可转位车刀刀柄的选择

根据图纸选择 MWLNR/L 系列外径可转位刀具,外形如图 2-1-3 所示,刀具供应商提供型号见表 2-1-8。考虑该零件从加工起点到加工终点呈现出单调性,在选择刀具时考虑到刀具在加工时要有足够的刚性,并且具有较好的排屑功能。所使用机床刀架可装刀柄为 20 mm,故应选择型号为 MWLNR2020K08 的可转位外径车刀。

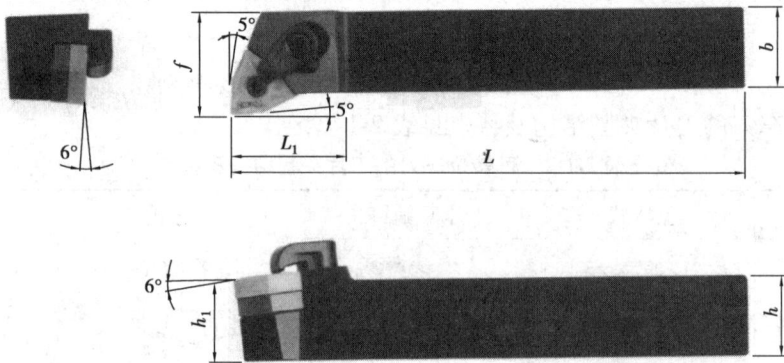

图 2-1-3　可转位外圆车刀外形图

表 2-1-8　可转位外圆车刀刀杆型号表

型　号	刀片	规　格						刀垫	销钉	压板	压紧螺钉	扳手
		h	b	L	L_1	h_1	f					
MWLNR/L2020K06	WN□	20	20	125	26	20	25	MW 0603	CTM 513	HL1 813	ML0 625	L2.0 L3.0
MWLNR/L2525M06	□0604	25	25	150	32	25	32					
MWLNR/L3232K06	□□	32	32	170	40	32	40					
MWLNR/L2020K08	WN□	20	20	125	28	20	25	MW 0804	CTM 617	HL1 813	ML0 625	L2.5 L3.0
MWLNR/L2525M08	□0604	25	25	150	32	25	32					
MWLNR/L3232K08	□□	32	32	170	32	32	40					

（4）可转位刀片型号的表示方法

按国家标准和国际标准规定,可转位刀片的型号是由按序排列的字母和数字组成,共有 10 位代号。其标注如图 2-1-4 所示。

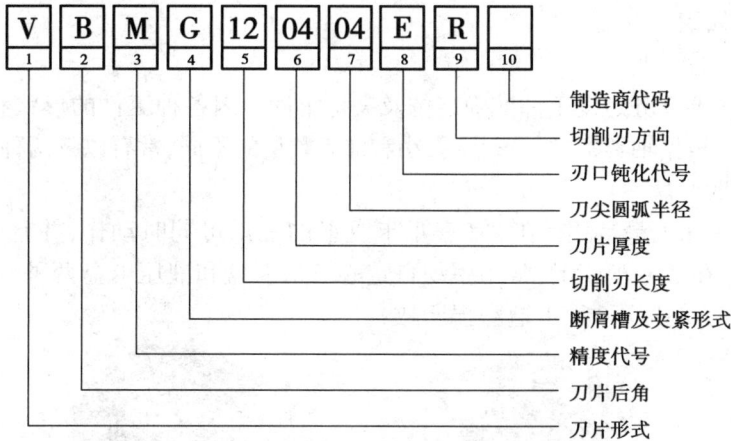

V	B	M	G	12	04	04	E	R	
1	2	3	4	5	6	7	8	9	10

- 制造商代码
- 切削刃方向
- 刃口钝化代号
- 刀尖圆弧半径
- 刀片厚度
- 切削刃长度
- 断屑槽及夹紧形式
- 精度代号
- 刀片后角
- 刀片形式

图 2-1-4   可转位外圆车刀的刀片表示规则

可转位刀片的标注与可转位刀杆的标注中相同的部分这里将不再重复,只对不同标注进行解释。

①精度代号。国家标准规定,可转位刀片有 16 种精度。其中,6 种精度使用于车刀,代号分别为 H,E,G,M,N,U。H 最高,U 最低。数控车床用的车刀一般选用 M 级。

②断屑槽及夹固形式。断屑槽的参数直接影响着切屑的卷曲和折断,见表 2-1-9。一般情况下,可根据工件材料和加工条件来选择合适的断屑槽型和参数。当断屑槽型和参数确定后,主要靠进给量的改变来控制断屑。

表 2-1-9   断屑槽及夹固形式

代 号	A	N	R	M	G	T
示意图						

③切削刃的长度。应根据背吃刀量进行选择,一般通槽形的刀片切削刃长度应大于或等于 1.5 倍的背吃刀量,封闭槽形的刀片切削刃长度应大于或等于 2 倍的背吃刀量。

④刀尖圆弧半径。选择刀尖圆弧半径需要考虑粗加工时的强度和精加工时的表面粗糙度。选择要点:尽可能选择大的刀尖圆弧半径,这样刀具强度较高,可采用大的进给量,如果有振动的倾向,应选择小的刀尖圆弧半径。加工时,进给量可选取刀尖圆弧半径的 1/2。

⑤刃口形式对切削刃强度和寿命有明显的影响,见表 2-1-10。

表 2-1-10   刃口形式表

代 号	F	E	T	S
示意图				

（5）刀片的选择

由于刀柄已经确定，刀片的选择必须与刀柄相适应。因此，选用刀片型号为WNMG120404FR。

2）相关工艺知识

（1）轴类零件的装夹

工件安装的主要任务是使工件准确定位及夹持牢固。因各种工件的形状和大小不同，故有不同的安装方法。根据轴类工件的形状、大小和加工数量的不同，常有以下两种装夹方法：

①自定心三爪卡盘

三爪卡盘是车床上最常用的附件（三爪卡盘上的三爪可同时动作，并且能达到自动定心兼夹紧的作用）。在数控车床上，常用手动自定心三爪卡盘和液压卡盘两种，如图2-1-5所示。其装夹方便，但定心精度不高（爪遭磨损所致）。

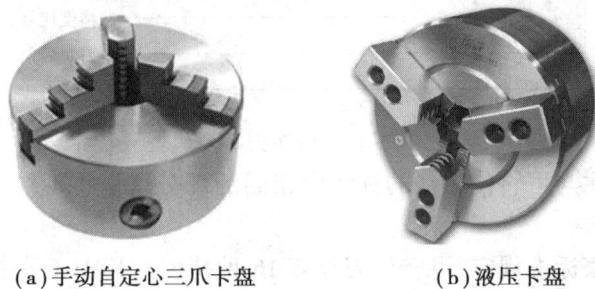

（a）手动自定心三爪卡盘　　　　（b）液压卡盘

图2-1-5　自定心三爪卡盘

②单动四爪卡盘

四爪卡盘也是车床常用的附件（见图2-1-6），四爪卡盘上的4个爪分别通过转动螺杆而实现单动。根据加工的要求，利用划针盘校正后，安装精度比三爪卡盘高，四爪卡盘的夹紧力大，适用于夹持较大的圆柱形工件或形状不规则的工件。

（2）切削起刀点的确定

对于车削加工来说，进刀时采用快速（G00）走刀接近工件附近的某个点，再改为工进（G01），以减少空走刀的时间，提高加工效率。切削起点的确定与工件形状及毛坯类型有关，以刀具快速到达该点时刀尖不与工件毛坯发生碰撞为原则，如图2-1-7所示。一般在铸件、锻件和焊接件等毛坯余量不均匀的情况下，切削起点应稍微大一点；对热轧圆钢，毛坯比较均匀，切削起点可稍微小一点。

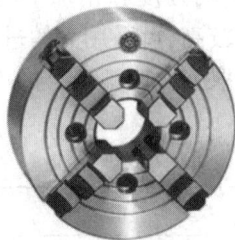

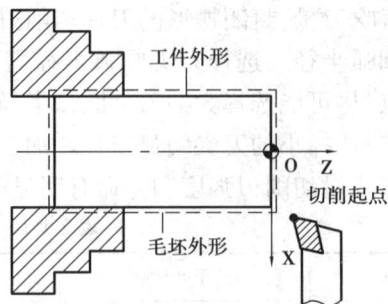

图2-1-6　四爪卡盘　　　　图2-1-7　切削起点的确定

（3）车圆柱面的走刀路线

①在加工圆柱面时,如果加工余量一刀可以切完,则走刀路线如图 2-1-8 所示。首先将刀具定位到 A 点(G00),然后下刀至进刀深度 B 点(G00),再由 B 点到 C 点车削圆柱面(G01),再由 C 点到 D 点车出材料表面(G01),最后再由 D 返回 A 点(G00)。

②在加工圆柱面时,如果加工余量过大,一刀不能完全去除余量,则需要分层加工。加工时,为提高生产效率,其实线用 G01 完成,虚线用 G00 完成。走刀路线如图 2-1-9 所示。

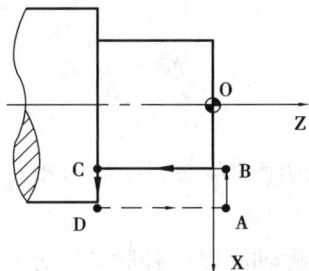

图 2-1-8　一刀切削走刀路线　　　　图 2-1-9　分层走刀路线

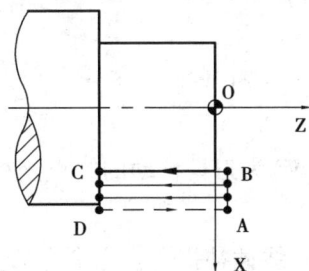

3) 相关指令知识

（1）快速定位指令(G00)

指令格式:

G00　X(U)__　Z(W)__;

指令说明:

①X(U),Z(W)为刀具移动的终点坐标。X,Z 为绝对坐标,U,W 为相对坐标。不运动的坐标可省略不写。

②G00 功能起作用时,其移动速度由机床系统中的参数设定值运行,与进给量无关。在实际操作时,可通过机床面板上的按钮"F0""25%""50%"对 G00 移动速度进行调节。

③用 G00 编程时,也可写作 G0,系统默认为 G00。

④执行该指令时,刀具的进给路线可能为一条折线,这与参数设定的各轴快速进给有关。因此,采用 G00 方式进、退刀时,要特别注意刀具相对于工件、夹具所处的位置,以免在进、退刀过程中刀具与工件、夹具发生碰撞。如图 2-1-10 所示,在实际加工中走刀轨迹并不是直接从 A 点走到 B 点,而是 A→C→B。

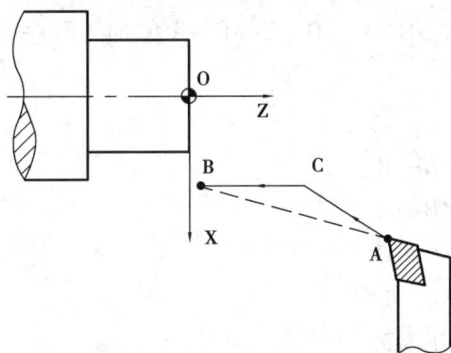

图 2-1-10　G00 指令轨迹图　　　　图 2-1-11　G00 编程实例

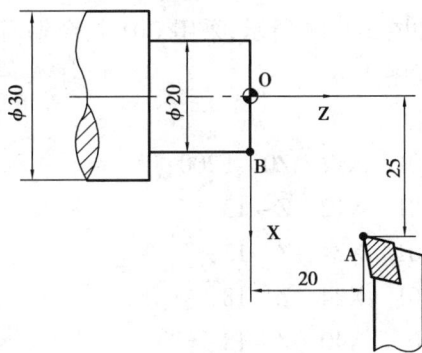

例如,如图 2-1-11 所示,编写刀具从 A 点快速移动到 B 点的加工程序。

程序如下：

G00 X20 Z0;   //绝对坐标编程
G00 U－10 W－20;   //相对坐标编程
G00 X20 W－20;   //混合坐标编程
G00 U－10 Z0;   //混合坐标编程

（2）直线插补指令（G01）

指令格式：

G01 X(U)__ Z(W)__ F__;

指令说明：

①X(U)、Z(W)为刀具移动的终点坐标。X、Z为绝对坐标，U、W为相对坐标。不运动的坐标可省略不写。

②该指令为直线插补指令。它命令刀具在两坐标轴间以插补联动的方式按指定的进给速度作任意斜线或直线运动，故执行G01指令的刀具轨迹是直线轨迹。它是连接起点和终点的一条直线。该指令的运动轨迹如图2-1-12所示。

③G01程序段中必须有F指令。如果在G01程序段中没有F指令，而在G01程序段前也没有指定F指令，则有的数控车床不运动，有的数控车床系统还会出现系统报警。

④用G01编程时，也可写成G1，系统默认为G01。

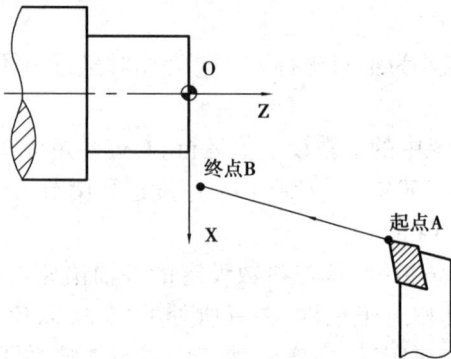

图2-1-12　G01轨迹图

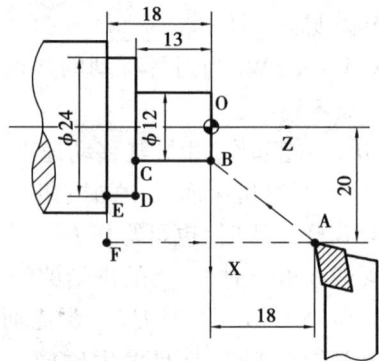

图2-1-13　G01编程实例

如图2-1-13所示，采用G01指令编写刀具从A→B→C→D→E→F→A的加工程序。

程序如下：

...
G01 X12 Z0 F200;   //A→B
G01 X12 Z－13;   //B→C
G01 X24 Z－13;   //C→D
G01 X24 Z－18;   //D→E
G01 X40 Z－18;   //E→F
G01 X40 Z18;   //F→A
...

拓展训练

一、理论训练

1. 解释可转位外圆车刀刀杆的型号：MVBCL2020K06。

2. 写出 G00 和 G01 指令的指令格式及参数含义，并分别绘制其走刀路线。

3. 可用作直线插补的准备功能代码是（　　　）。

　　A. G00　　　　　　　　B. G01　　　　　　　　C. G02　　　　　　　　D. G04

4. 数控系统在执行指令（　　　）时，移动速度已由生产厂家预先设定，编程人员不能改变。

　　A. G00　　　　　　　　B. G01　　　　　　　　C. G02　　　　　　　　D. G03

5. 采用数控车加工回转体时，通常将工件坐标系设置在（　　　）。

　　A. 工件右端面　　　　　　　　　　　　B. 工件左端面

　　C. 工件右端面中心处　　　　　　　　　D. 工件的任意处

二、技能训练

1. 采用 G00 和 G01 指令描述如图 2-1-14 所示的加工轨迹线，工件坐标系分别设在工件左右端面两种情况。

2. 已知 $\phi30$ 的圆棒料，材料为 2Al2，对图 2-1-15 制订加工工艺方案，编写加工程序，完成各项加工准备工作，在数控车床上对其加工，并进行检测与质量分析。

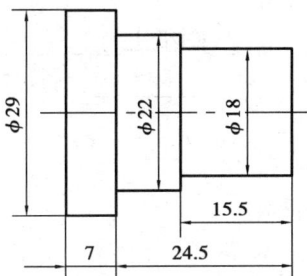

图 2-1-14　零件图

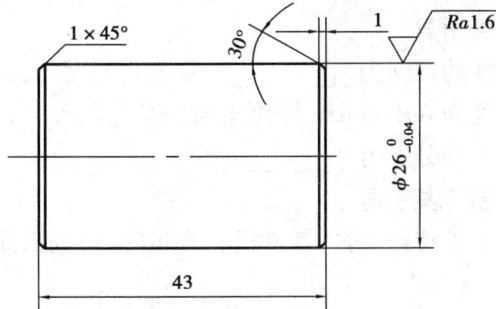

图 2-1-15　零件图

子任务 2.2　数控车削锥体轴

任务描述

本任务为锥体轴零件，主要涉及锥体、外圆、端面等加工内容。工件毛坯为 $\phi30$ mm 的棒料，材料为 2Al2，如图 2-2-1 所示。根据零件图纸要求，对图纸上的相关坐标点进行计算，规划合理的刀具路线，编制加工程序，对零件进行仿真加工和实际加工，并对任务进行检测评价。

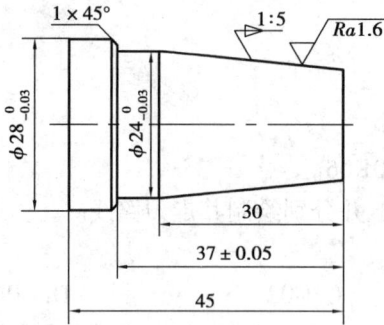
（a）零件图

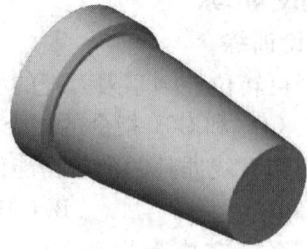
（b）实体图

图 2-2-1　锥体轴

任务目标

1. 能理解 G90 指令的编程格式及参数含义，能使用该指令进行正确编程。
2. 能够对锥体相关尺寸进行计算。
3. 能确定锥体加工时的走刀路线，会对锥体进行测量。
4. 能够分析车刀安装误差对锥体面的影响。

任务引导

1）图纸引导

本零件的锥度为_____，锥度与斜度的关系为_____，图纸上_____外圆的表面粗糙度为 $Ra1.6$ μm，图纸上自由公差的尺寸是_____和_____。通过查表这两个尺寸的公差分别为_____和_____。

2）测量工具引导

根据零件特点，对本零件进行测量时，请列出测量工具名称。

3）计算引导

根据图纸相关尺寸，计算出锥体的小端直径，并写出计算过程。

4）加工路线引导

画出锥体的加工路线简图。

5）编程指令引导

查阅资料，写出 G90 的指令格式及参数含义，并画出指令走刀路线简图。

任务实施

1）刀具调整卡

根据图纸要求，填写锥体轴刀具调整卡，见表 2-2-1。

表 2-2-1   锥体轴刀具调整卡

任务名称		锥体轴		零件图号		2-2-1	
序号	刀具号	刀具名称	刀具型号	加工表面	数量	备注	
1	T0101	外圆车刀	MWLNR2020K08	外圆面、端面	1		
2	T0202	切断刀	手磨刀具	手动切断	1		
编制		审核		批准			

2）数控加工工序卡

根据图纸要求，填写锥体轴加工工序卡，见表 2-2-2。

表 2-2-2   锥体轴加工工序卡

任务名称	锥体轴	零件图号	2-2-1	机床型号	CK6132
程序编号	2201	材　料	2Al2	夹具名称	三爪卡盘

第 1 次装夹　　　　第 2 次装夹

续表

工序	工步	工步内容	切削用量			G指令	刀具编号	量具
			n /(r·min^{-1})	f /(mm·min^{-1})	a_p /mm			
1	1	粗车台阶、锥体	500	150	1	G90	T0101	游标卡尺
	2	精车台阶、锥体	1 000	100	0.5	G01	T0101	千分尺
	3	切断	400	手摇 0.01		手动	T0202	千分尺
2	4	调头装夹,保证总长	800	手摇 0.01		手动	T0101	千分尺
	编制		审核			批准		

3)数控加工参考程序

根据图纸分析,编制零件加工程序,见表2-2-3。

表2-2-3 锥体轴加工程序

图 号	2-2-1	零件名称	锥体轴	编制日期	
程序名	2201	工位		负责人	

根据参考程序,绘制刀具运动轨迹简图

程序内容	程序说明
O2201;	
G98;	
T0101;	
M03 S500;	
G00 X100 Z100;	
X32 Z2;	
G90 X28.5 Z−50 F150;	
X26.5 Z−36.95;	
X24.5;	

续表

程序内容	程序说明
G90　X24.5　Z－30　R－1.5；	
R－3；	
R－3.2；	
G00　X100　Z100；	
M05；	
T0101；	
M03　S1000；	
G00　X17.6　Z2；	
G01　X24　Z－30　F100；	
Z－37；	
X26；	
X28　W－1；	
Z－50；	
X32；	
G00　X100　Z100；	
M05；	
M30；	

4）模拟加工

①打开仿真软件，回机床参考点。

②输入程序并进行调试。

③根据图纸和程序的要求，安装刀具及工件。

④进行对刀。

⑤仿真加工。在仿真加工过程中，对加工中出现的程序问题进行修改，以确保在实际加工中程序的正确性。

5）实际加工

按照表 2-2-4 的操作引导，对锥体轴进行加工。

表 2-2-4　锥体轴加工操作引导流程表

操作项目	操作步骤	操作要点	备注
开　机	打开机床电源→打开系统按钮→复位→选择回零模式→机床 X 轴回零→机床 Z 轴回零	机床在回零时要先回 X 轴，再回 Z 轴	
装夹工件	根据工件直径调整卡爪→装夹工件→夹紧工件	注意夹紧力大小合适；注意毛坯伸出长度为 60 mm	

续表

操作项目	操作步骤	操作要点	备注
装夹刀具	1号刀位安装外圆车刀→2号刀位安装切断刀	外圆车刀在安装时注意刀具刀尖与工件回转轴线等高;切断刀主切削刃与工件轴线平行	
输入程序	输入程序名→输入程序	程序名不能重复,程序输入要细心	
程序调试	锁定机床→调出程序→模拟仿真→找出问题→修改程序	注意刀路轨迹与编程轮廓是否一致,切削用量是否合理	
试切对刀	试切工件端面→输入Z值坐标→试切工件外圆→输入X值坐标	通过MDI方式进行调刀、验刀,检查刀具位置与坐标显示是否一致	
自动加工	选择自动加工模式→单段模式→按循环启动	将快速倍率旋钮调至最低,注意观察实际刀具位置与编程位置是否一致。发现加工异常,按"进给保持"键,进行处理	
尺寸控制	暂停→尺寸测量→刀具补偿→再加工	注意尺寸测量的正确性,刀具补偿值及位置输入的正确性	
检查取下	测量工件→卸下工件	注意工件轻拿、轻放	
机床维护与保养	清扫卫生→保养机床	机床保养到位	

任务评价

完成零件的加工后,对零件进行清洗和去毛刺工作,并对其测量,再将测量结果填入表2-2-5中。

表2-2-5 锥体轴检测评分表

序号	项 目	检测内容	配分	评分标准	评价方式		
					自评	互评	师评
1	直径	$\phi 28_{-0.03}^{0}$	10	超差不得分			
2		$\phi 24_{-0.03}^{0}$	10	超差不得分			
3	长度	37 ± 0.05	15	超差不得分			
4		45,30	5	超差不得分			
5	锥体	锥度1:5	15	超差不得分			
6	倒角	$1 \times 45°$	5	超差不得分			
7	表面质量	表面粗糙度$Ra1.6\,\mu m$	9	降级不得分			
8	职业素养	安全操作	11	安全文明生产			
		工量具使用	10	正确使用			
		机床保养	10	保养合格			
合计(总分)			100				

任务总结

通过本零件的加工,你对学习及加工过程有何体会,请进行总结,并填入表 2-2-6 中。

表 2-2-6　锥体轴加工总结表

引导性问题	体会与感悟
完成本任务最成功之处	
完成本任务最失败之处	
你认为本次任务的难点	
改进方法及措施	

知识解析

1) 锥体相关知识

圆锥面在机器设备中非常常见。圆锥的检测是数控车工必须掌握的一项基本技能。圆锥体是由圆锥面和一定的尺寸所限定的几何体。其各参数如图 2-2-2 所示。

①最大圆锥直径 D。简称大端直径。

②最小圆锥直径 d。简称小端直径。

③圆锥长度 L。最大圆锥直径与最小圆锥直径之间的轴向距离,工件全长一般用 L_1 表示。

④圆锥角 α。是指在通过圆锥轴线的截面内两条素线之间的夹角。在计算时,经常用到圆锥半角 $\alpha/2$,即

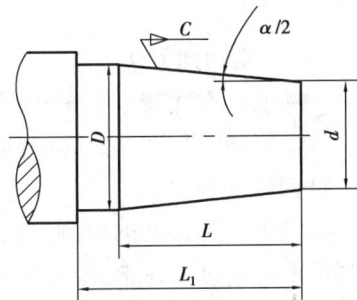

图 2-2-2　锥体轴

$$\tan \frac{\alpha}{2} = \frac{D-d}{2L} = \frac{C}{2}$$

⑤锥度 C。是指圆锥的最大圆锥直径和最小圆锥直径之差与圆锥长度之比,即

$$C = \frac{D-d}{L}$$

2）车削圆锥加工路线的确定

在车床上车外圆锥时，可分为车正圆锥和车倒圆锥两种情况。走刀路线主要有以下 3 种情况：

（1）平行切削方法

这种加工方法的特点是每次的背吃刀量相等，刀具切削运动的距离较短，需要计算的刀具轨迹的坐标值较多。其走刀路线如图 2-2-3（a）所示。在该种加工方法中，主要是确定 S 值，S 值为刀具终点在 Z 轴方向的距离。当圆锥大径为 D，小径为 d，锥长为 L，切削深度为 a_p，则由相似三角形可得

$$\frac{D-d}{2L}=\frac{a_p}{S};S=\frac{2La_p}{D-d}$$

（2）斜线切削方法

这种加工方法的切削终点不变，无须计算终点坐标，并且刀具轨迹的坐标值较少。但刀具背吃刀量是变化的，会引起工件表面粗糙度不一致，刀具切削运动的路线较长。其走刀路线如图 2-2-3（b）所示。

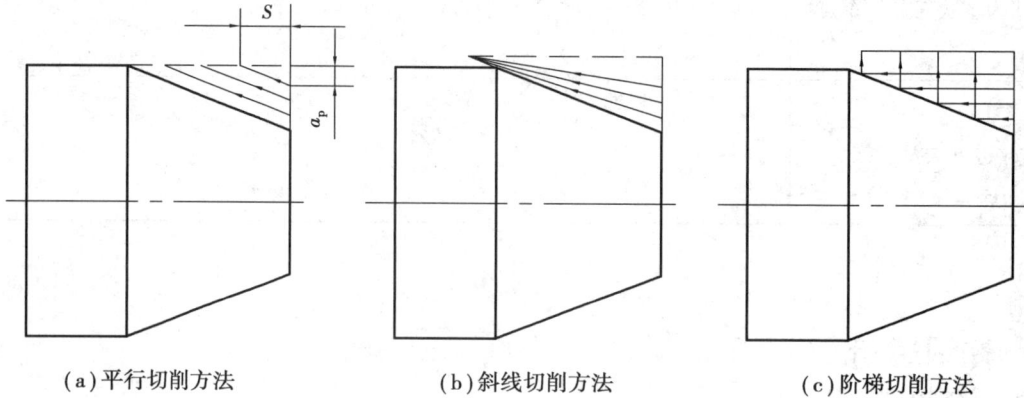

（a）平行切削方法　　（b）斜线切削方法　　（c）阶梯切削方法

图 2-2-3　锥体切削路线

（3）阶梯切削方法

该种加工方法背吃刀量相同，刀具切削运动的路线最短，需要计算的刀具轨迹的坐标值较多。其走刀路线如图 2-2-3（c）所示。

3）圆锥的检测

圆锥角度和锥度的检测方法有游标万能角度尺测量、圆锥量规检验、角度样板检验及正弦规测量。对精度要求较高的圆锥面，常用圆锥量规涂色法检验，其精度以接触面的大小来评定。

（1）游标万能角度尺

游标万能角度尺简称万能角度尺，可测量0°～320°的任意角度。万能角度尺外形如图 2-2-4 所示。测量时，基尺带着尺身沿着游标转动，当转到所需的角度时，可用制动器锁紧。卡块将90°角尺和直尺固定在所需的位置上，测量时转动背面的捏手，通过小齿轮转动扇形齿轮，使基尺改变角度。

（2）使用角度样板检验

角度样板属于专用量具，常用于批量生产，以减少辅助时间，如图 2-2-5 所示。

图 2-2-4　游标万能角度尺

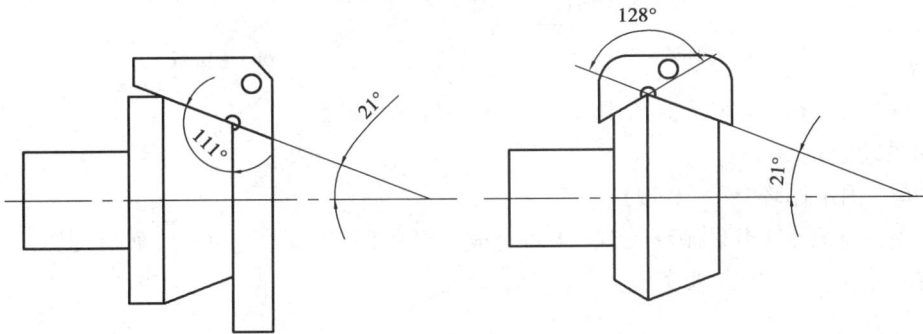

图 2-2-5　角度样板的使用

（3）圆锥量规涂色法检验

对标准圆锥或配合要求较高的圆锥工件，一般使用圆锥套规和圆锥塞规进行检验，圆锥量规如图 2-2-6 所示。当然，对具有内外配合的圆锥表面，也可用外圆锥工件检验内圆锥工件，或用内圆锥工件检验外圆锥工件，达到内外锥配合互检的目的。

图 2-2-6　圆锥量规

测量时，先在套规或内外锥面上涂上显示剂，再与被测锥面配合，转动量规，拿出量规观察显示剂的变化。如果显示剂摩擦均匀，说明圆锥接触良好，锥角正确。如果套规的小端擦着大端没有擦着，说明圆锥角小了；反之，则说明锥角大了。

4)车削圆锥时车刀的安装

在车床上加工圆锥时,对刀具的安装要求较高。如果刀具安装时刀尖与工件回转轴线不等高,则加工出圆锥表面将产生双曲线误差。用圆锥套规检验外圆锥时,会发现两端的显示剂被擦去,中间部分不能接触。用圆锥塞规检验内圆锥时,发现中间显示剂被擦去,两端没有擦去,如图 2-2-7 所示。要解决这种加工误差的产生,必须将刀具的刀尖严格与工件回转轴线等高。

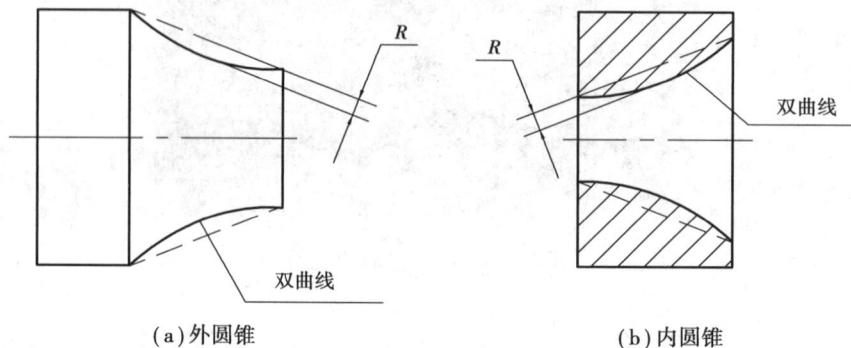

（a）外圆锥　　　　　　　　　　　　　　　（b）内圆锥

图 2-2-7　圆锥面双曲线误差

5)相关功能指令

（1）单一固定循环指令（G90）

所谓单一循环,是指只循环一次,从而完成一个周期,主要经过进刀、车削、退刀、返回 4 个动作,4 个动作用一个指令来实现。

指令格式:

G90　X(U)__　Z(W)__　F __;　　　　　　　　　//圆柱面切削循环

G90　X(U)__　Z(W)__　R __　F __;　　　　//圆锥面切削循环

指令说明:

①X(U),Z(W)为循环切削终点处的坐标值。

②R 为圆锥面切削起点处的 X 坐标减去切削终点处 X 坐标之差的 1/2,起点坐标大于终点坐标时,R 为正值,反之为负。

③F 为循环切削过程中的进给速度。

④圆柱面切削循环运动轨迹如图 2-2-8(a)所示。它由 4 个步骤组成。刀具从循环点 A 处开始加工沿 ABCDA 的方向运动,1(R)表示第一步是快速运动,2(F)表示第二步是按进给速度切削,3(F)表示第三步是按进给速度切削,4(R)表示第四步是快速运动。

圆锥面切削循环运动轨迹如图 2-2-8(b)所示。其动作与圆柱面切削循环相类似。

（2）循环点的确定

循环指令在编程时要确定循环点。循环点是机床执行循环指令时,刀具运动一个循环后刀尖所处的位置点,循环点既是程序循环的起点,也是程序循环的终点。在确定循环点时,应根据毛坯类型来决定,对铸锻等不规则毛坯件,该点应选得稍大一些,以免工件旋转时碰撞刀具;对于比较规则的冷拔钢毛坯来说,该点应选得稍小一些,如在加工外轮廓表面时的循环点在 Z 方向选择离毛坯右端面 2 mm 左右,在 X 方向选择比毛坯直径大 1~2 mm 处。

编程实例:已知毛坯为 φ30 mm 的圆棒料,分别采用 G01 和 G90 指令对如图 2-2-9(a)所示的零件进行编程,并对编制程序进行比较,要求每次切削深度为 2 mm。

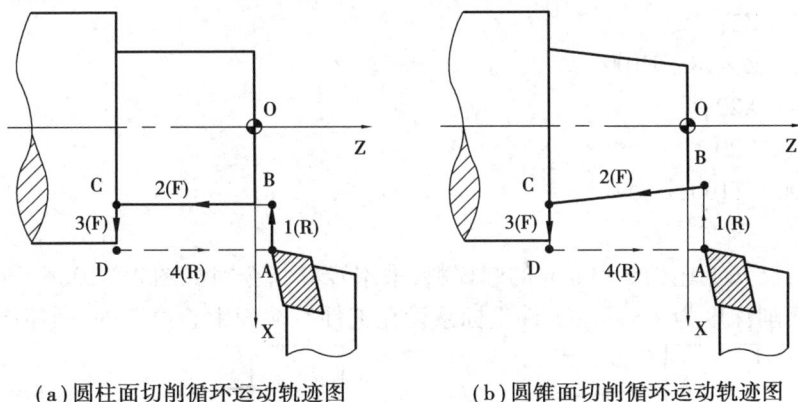

（a）圆柱面切削循环运动轨迹图　　（b）圆锥面切削循环运动轨迹图

图 2-2-8　G90 走刀路线轨迹图

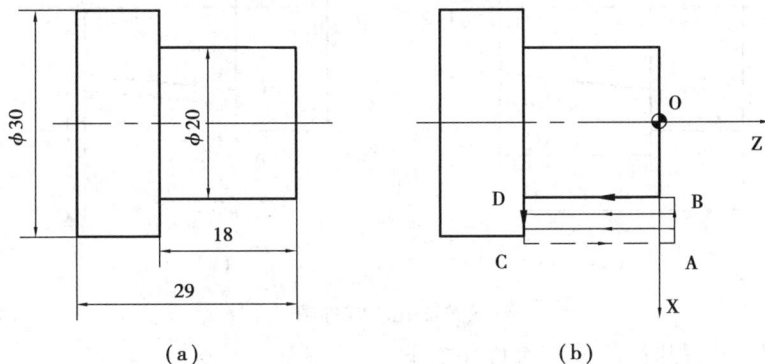

（a）　　　　　　　　　　　　（b）

图 2-2-9　零件图

采用 G01 指令编程时,部分参考程序如下:

…

G00　X26　Z2；

G01　Z－18　F100；

G00　X27；

　　　Z2；

　　　X22；

G01　Z－18；

G00　X23；

　　　Z2；

　　　X20；

G01　Z－18；

G00　X21；

　　　Z2；

　　　X100　Z100；

…

采用 G90 指令编程时,部分参考程序如下:

...

G00   X32   Z2；

G90   X26   Z－18   F100；

              X22；

              X20；

G00   X100   Z100；

...

编程实例:已知毛坯为 $\phi30$ mm 的圆棒料,采用 G90 指令对如图 2-2-10 所示的零件进行编程,要求每次切削深度为 2 mm。工件坐标系设在工件右端面中心位置处,循环点为(32,2)。

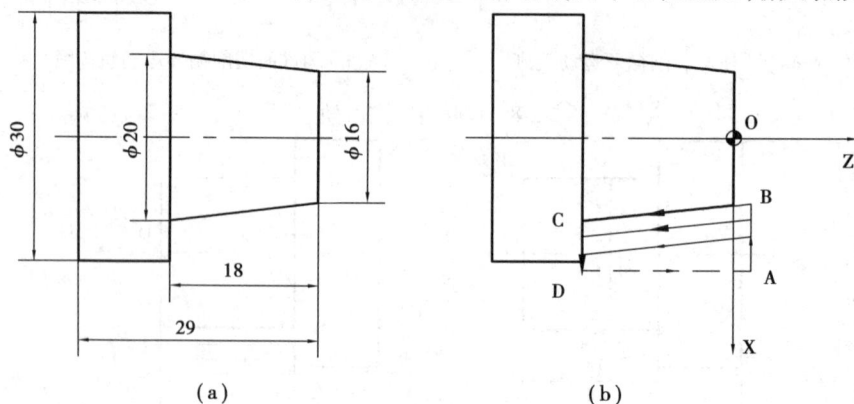

(a)　　　　　　　　　　　　　　(b)

图 2-2-10　零件图

采用 G90 指令编程时,部分参考程序如下:

...

G00   X32   Z2；

G90   X26   Z－18   R－2.335   F100；

              X22；

              X20；

G00   X100   Z100；

...

拓展训练

一、理论训练

1. 车削圆锥的走刀方法有哪几种? 简述其优缺点。

2. 车削圆锥时,车刀刀尖没有对准工件回转中心轴线,对工件质量将产生什么影响?

3. 怎样检验圆锥锥度的正确性?

4. 写出 G90 指令的指令格式,并绘制其走刀路线。

5. 什么是锥度? 它与斜度有什么区别? 请用公式表示。

二、技能训练

1.已知 φ36 的圆棒料,如图 2-2-11 所示。现采用 G90 指令对工件圆锥体表面进行加工,工件坐标系设在工件的右端面,循环点设在 A(38,2)点,试计算 G90 指令中的 R 值,并写出计算过程。

2.已知 φ30 的圆棒料,材料为 2Al2,如图 2-2-12 所示。制订加工工艺方案,编写加工程序,完成各项加工准备工作,在数控车床上对其加工,并进行检测与质量分析。

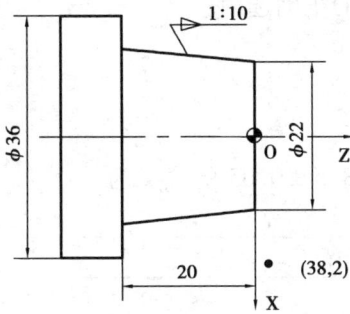

图 2-2-11　零件图(一)

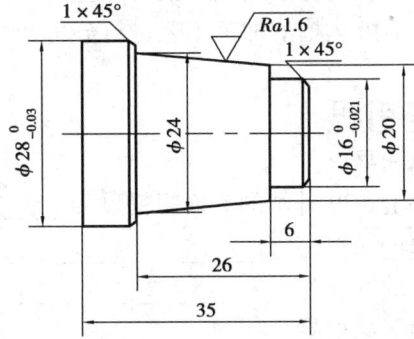

图 2-2-12　零件图(二)

子任务 2.3　数控车削直槽轴

任务描述

本任务为直槽轴零件,主要涉及台阶、宽外径沟槽、窄外径沟槽、端面等加工内容。零件图上的未注倒角为 0.5×45°,工件毛坯为 φ30 mm 的棒料,材料为 2Al2,如图 2-3-1 所示。根据零件图纸要求,对零件左右两端进行加工,规划合理的刀具路线,编制加工程序,对零件进行仿真加工和实际加工,并对任务进行检测评价。

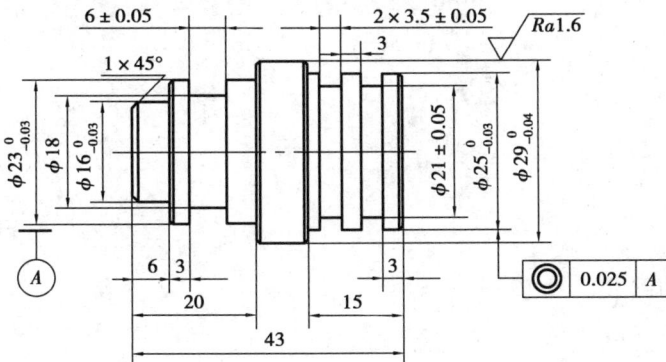

（a）零件图

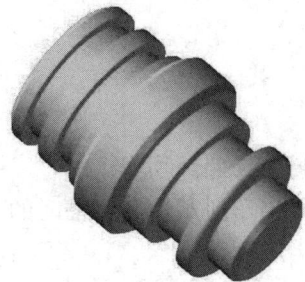

（b）实体图

图 2-3-1　直槽轴

任务目标

1. 能理解 G71,G70,G75,G04 指令的编程格式及参数含义,能使用该指令进行正确编程。
2. 会对工件进行调头装夹,并能进行正确找正。
3. 能根据零件正确选择可转位切槽车刀。
4. 知道外径沟槽的类型及槽的测量。
5. 能够对外沟槽的加工工艺进行分析及切削用量的正确选用。

任务引导

1)图纸引导

本零件上 $\phi29$ 外圆的表面粗糙度为_____,$2 \times 3.5 \pm 0.05$ 的含义为_____,

符号 ◎ 0.025 A 的含义为_____。

保证该公差的方法为_____。

2)测量工具引导

根据零件特点,对本零件进行测量时,请列出测量工具名称。

3)测量引导

如何对槽 6 ± 0.05 和槽 3.5 ± 0.05 进行测量?

4)加工路线引导

画出车削宽槽和窄槽时的走刀路线。

5）编程指令引导

查阅资料，写出 G71，G75 的指令格式及参数含义，并画出指令走刀路线简图。

任务实施

1）刀具调整卡

根据图纸要求，填写直槽轴刀具调整卡，见表 2-3-1。

表 2-3-1　直槽轴刀具调整卡

任务名称		直槽轴		零件图号		2-3-1	
序号	刀具号	刀具名称	刀具型号		加工表面	数量	备注
1	T0101	外圆车刀	MWLNR2020K08		外圆面、端面	1	
2	T0202	切槽刀	ZPED0302-MG		切槽、切断	1	
编制		审核			批准		

2）数控加工工序卡

根据图纸要求，填写直槽轴加工工序卡，见表 2-3-2。

表 2-3-2　直槽轴加工工序卡

任务名称	直槽轴	零件图号	2-3-1	机床型号	CK6132
程序编号	2301	材　料	2Al2	夹具名称	三爪卡盘

工序简图　　第 1 次装夹　　第 2 次装夹

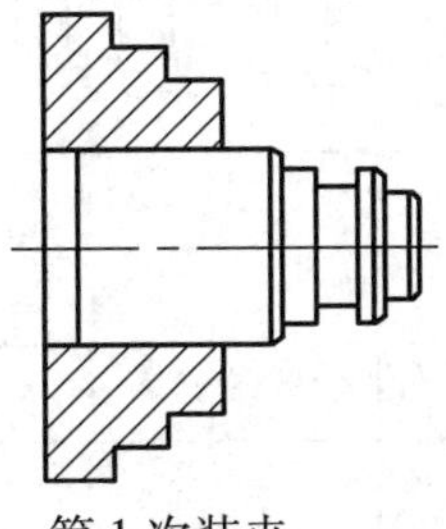

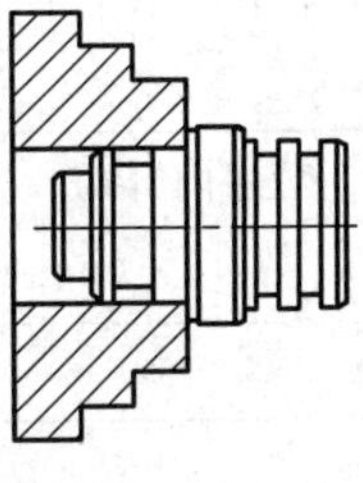

续表

工序	工步	工步内容	切削用量			G指令	刀具编号	量具
			n /(r·min^{-1})	f /(mm·min^{-1})	a_p /mm			
1	1	粗车台阶	500	150	D	G71	T0101	游标卡尺
	2	精车台阶	1 000	100	0.5	G70	T0101	千分尺
	3	切槽	600	60	3	G75	T0202	千分尺
	4	切断	500	50	3	G01	T0202	千分尺
2	5	调头装夹,保证总长	800	手摇0.01		手动	T0101	千分尺
3	6	粗车台阶	500	150	1	G71	T0101	游标卡尺
	7	精车台阶	1 000	100	0.5	G70	T0101	千分尺
	8	切槽	600	60	3	G75	T0202	千分尺
	编制		审核			批准		

3)数控加工参考程序

根据图纸分析,编制零件加工程序,见表2-3-3和表2-3-4。

表2-3-3　直槽轴加工程序(左端)

图　号	2-3-1	零件名称	直槽轴	编制日期	
程序名	2301	工位		负责人	

根据参考程序,绘制刀具运动轨迹简图(可用不同的颜色表示)

程序内容	程序说明
O2301;	
G98;	
T0101;	
M03　S500;	

程序内容	程序说明
G00　X100　Z100；	
X32　Z2；	
G71　U1　R0.5；	
G71　P10　Q20　U0.5　W0.05　F150；	
N10　G01　X0　F100；	
Z0；	
X14；	
X16　Z−1；	
Z−6；	
X22；	
X23　Z−6.5；	
Z−20；	
X28；	
X29　Z−20.5；	
Z−35；	
N20　X32；	
G00　X100　Z100；	
M05；	
T0101；	
M03　S1000；	
G00　X32　Z2；	
G70　P10　Q20；	
G00　X100　Z100；	
M05；	
T0202；	
M03　S600；	
G00　X24　Z−12；	
G75　R0.5；	
G75　X18　Z−15　P2000　Q2500　F60；	
G00　X100　Z100；	
T0202；	
M03　S500；	

续表

程序内容	程序说明
G00　X32　Z－46.5；	
G01　X15　F50；	
G00　X17；	
G01　X0；	
G00　X32；	
X100　Z100；	
M05；	
M30；	

表 2-3-4　直槽轴加工程序（右端）

图　号	2-3-1	零件名称	直槽轴	编制日期	
程序名	2302	工　位		负责人	

根据参考程序,绘制刀具运动轨迹简图(可用不同的颜色表示)

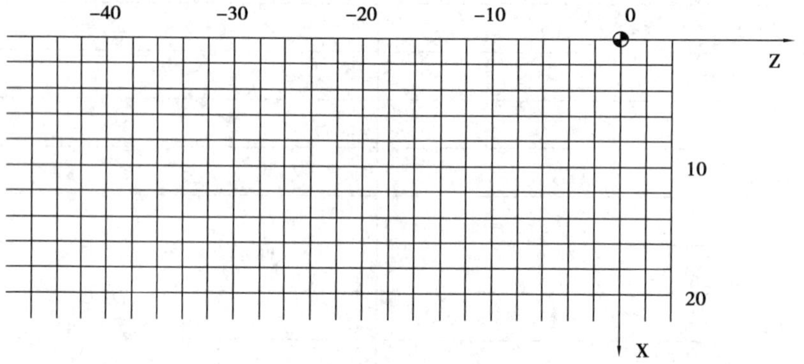

程序内容	程序说明
O2302；	
G98；	
T0101；	
M03　S500；	
G00　X100　Z100；	
X32　Z2；	
G71　U1　R0.5；	
G71　P30　Q40　U0.5　W0.05　F150；	
N30　G01　X0　F100；	
Z0；	

程序内容	程序说明
X24；	
X25　Z－0.5；	
Z－15；	
X28；	
X29　Z－15.5；	
N40　X32；	
G00　X100　Z100；	
M05；	
T0101；	
M03　S1000；	
G00　X32　Z2；	
G70　P30　Q40；	
G00　X100　Z100；	
M05；	
T0202；	
M03　S600；	
G00　X26　Z－6；	
G75　R0.5；	
G75　X21　Z－6.5　P2000　Q2500　F60；	
G00　X26　Z－12.5；	
G75　R0.5；	
G75　X21　Z－13　P2000　Q2500　F60；	
G00　X100　Z100；	
M05；	
M30；	

4) 模拟加工

①打开仿真软件，回机床参考点。

②输入程序并进行调试。

③根据图纸和程序的要求，安装刀具及工件。

④进行对刀。

⑤仿真加工。在仿真加工过程中，对加工中出现的程序问题进行修改，以确保在实际加工中程序的正确性。

5）实际加工

按照表2-3-5的操作引导,对直槽轴进行加工。

表2-3-5 直槽轴加工操作引导流程表

操作项目	操作步骤	操作要点	备 注
开 机	打开机床电源→打开系统按钮→复位→选择回零模式→机床 X 轴回零→机床 Z 轴回零	机床在回零时要先回 X 轴,再回 Z 轴	
装夹工件	根据工件直径调整卡爪→装夹工件→夹紧工件	注意夹紧力大小合适,注意毛坯伸出长度为 60 mm	
装夹刀具	1 号刀位安装外圆车刀→2 号刀位安装切槽刀	外圆车刀在安装时注意刀具刀尖与工件回转轴线等高;切槽刀主切削刃与工件轴线平行	
输入程序	输入程序名→输入程序	程序名不能重复,程序输入要细心	
程序调试	锁定机床→调出程序→模拟仿真→找出问题→修改程序	注意刀路轨迹与编程轮廓是否一致,切削用量是否合理	
试切对刀	试切工件端面→输入 Z 值坐标→试切工件外圆→输入 X 值坐标	通过 MDI 方式进行调刀、验刀,检查刀具位置与坐标显示是否一致;切槽刀对刀时采用左刀尖对刀	
自动加工	选择自动加工模式→单段模式→按循环启动	将快速倍率旋钮调至最低,注意观察实际刀具位置与编程位置是否一致。发现加工异常,按"进给保持"键,进行处理	
尺寸控制	暂停→尺寸测量→刀具补偿→再加工	注意尺寸测量的正确性,刀具补偿值及位置输入的正确性	
检查取下	测量工件→卸下工件	注意工件轻拿、轻放	
机床维护与保养	清扫卫生→保养机床	机床保养到位	

任务评价

完成零件的加工后,对零件进行清洗和去毛刺工作,并对其进行测量,再将测量结果填入表2-3-6中。

表2-3-6 直槽轴检测评分表

序号	项 目	检测内容	配分	评分标准	评价方式		
					自评	互评	师评
1	直径	$\phi 29_{-0.04}^{0}$	8	超差不得分			
2		$\phi 25_{-0.03}^{0}$	8	超差不得分			
3		$\phi 23_{-0.03}^{0}$	8	超差不得分			
4		$\phi 16_{-0.03}^{0}$	8	超差不得分			

续表

序号	项　目	检测内容	配分	评分标准	评价方式		
					自评	互评	师评
5	外径沟槽	6 ± 0.05	4	超差不得分			
6		$2 \times 3.5 \pm 0.05$	8	超差不得分			
7		$\phi 21 \pm 0.05$	4	超差不得分			
8		$\phi 18$	2	超差不得分			
9	长度	43	3	超差不得分			
10		20,15,6,3 (3 处)43	12	超差不得分			
11	倒角	$1 \times 45°$	2	超差不得分			
12		$0.5 \times 45°$	4	超差不得分			
13	形位公差	◎ 0.025 A	4	超差不得分			
14	表面质量	表面粗糙度 $Ra1.6\ \mu m$	4	降级不得分			
15		表面粗糙度 $Ra3.2\ \mu m$	6	降级不得分			
16	职业素养	安全操作	5	安全文明生产			
17		工量具使用	5	正确使用			
18		机床保养	5	保养合格			
合计（总分）			100				

任务总结

通过本零件的加工,你对学习及加工过程有何体会,请进行总结,并填入表 2-3-7 中。

表 2-3-7　直槽轴加工总结表

引导性问题	体会与感悟
完成本任务最成功之处	
完成本任务最失败之处	
你认为本次任务的难点	
改进方法及措施	

📚 **知识解析**

1）可转位外径切槽车刀

虽然机夹车刀已标准化，但切槽车刀的生产厂家都执行各自的企业标准，其标注并不一样。这里给出切槽刀的命名规则，如图2-3-2所示。

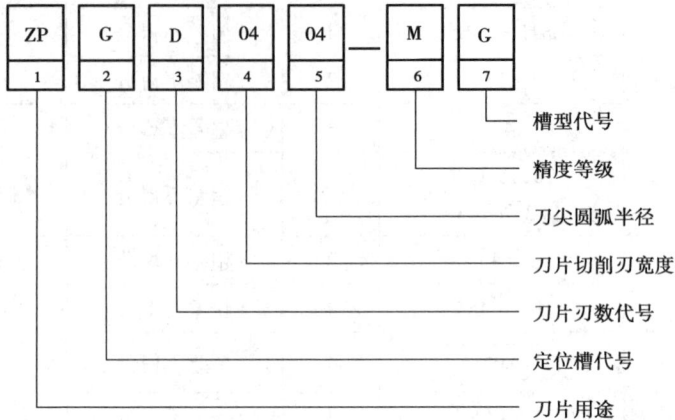

图2-3-2　切断、切槽刀片的命名规则

表2-3-8　**切断、切槽刀片参数的代号含义**

参　数	代号含义
刀片用途	ZP：切断
	ZT：切槽和车削
	ZR：仿形加工
定位槽代号（与刀杆上的定位槽代号一致并对应刀片刃宽度范围）	E：对应刀片刃宽为2.5 mm
	F：对应刀片刃宽为3 mm
	G：对应刀片刃宽为4 mm
	H：对应刀片刃宽为5 mm
	K：对应刀片刃宽为6 mm
刀刃数代号	S：单切削刃
	D：双切削刃
刀片切削刃宽度	025 = 2.5 mm
	03 = 3 mm
	04 = 4 mm
	05 = 5 mm
	06 = 6mm

续表

参　数	代号含义
刀尖圆角半径	02 = 0.2 mm
	03 = 0.3 mm
	04 = 0.4 mm
	08 = 0.8mm
精度等级	M:M 级精度
	E:E 级精度
槽型代号	G:通用槽型,适用于各种加工材质
	F:专用槽型

2)槽加工相关知识

外沟槽是产品上常见的构成要素,常见的外沟槽形状有矩形、圆弧形和梯形,如图 2-3-3 所示。其中,矩形槽常见于轴类零件上,作用除了在车螺纹、磨削和插齿时作退刀之外,还可以保证安装零件时提供一个准确的轴向位置。

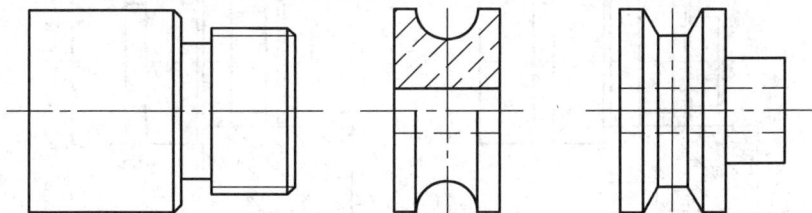

图 2-3-3　沟槽的形状

在进行槽加工时,通常采用与槽宽相等的切槽刀刀具,刀头长度稍大于槽深,刀头形状与槽的形状吻合。在加工时,工件回转,刀具作横向进给,即直进法车削(见图 2-3-4),这种加工方法一般适合于精度要求不高且宽度较窄的圆弧形和矩形沟槽的加工。

对精度要求较高的矩形槽加工,一般采用二次进给完成车削。第一次切削时,在槽壁和槽底留足精加工余量;在第二次切削时用等宽车槽刀修正,或者用原车槽刀根据槽深和槽宽要求进行精车(见图 2-3-5)。

对较宽的矩形槽加工,一般不能用与槽宽相等的槽刀采用直进法直接加工,这样容易产生振动;采用宽度较窄的切槽刀进行多次直进法切削,在槽壁和槽底留足精加工余量,然后根据槽深和槽宽要求精车(见图 2-3-6)。

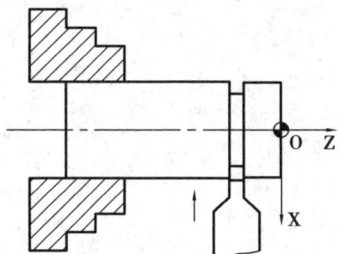

图 2-3-4　窄沟槽车削(一)　　图 2-3-5　窄沟槽车削(二)　　图 2-3-6　宽沟槽车削

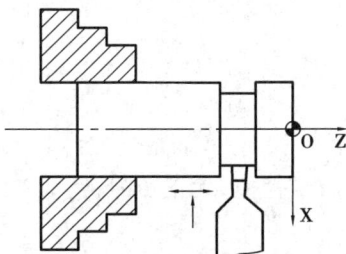

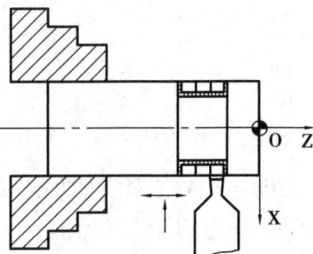

3）工件同轴度的保证

同轴度是轴类零件上常见的形位公差要求之一。其主要保证方法如下：

（1）在一次装夹中完成

采用此种加工方法保证形位公差，主要是利用机床本身精度，在工件不卸下的情况下完成所有表面的加工。它具有一定的局限性，主要使用于单件小批量生产，并且图纸标注与所给毛坯适合一次完成。

（2）采用调头加工，利用基准进行找正

对一些必须调头加工的工件，如果要保证形位公差，在装夹时对其找正是必需的工作，并且在调头之前必须预留找正基准。例如，零件在对右端加工完成后，用切槽刀在工件 $\phi 29$ 外圆上切出一基准槽，用作调头后作为找正基准。基准槽的切削要注意槽的位置及尺寸，以不要破坏其他加工表面为前提。工件调头后装夹 $\phi 23$ 外圆（见图 2-3-7），注意夹紧力的大小，不要夹伤表面。用百分表找正 $\phi 29$ 外圆跳动在 0.01 mm 之内，将杠杆式百分表的触头伸进基准槽内，使端面跳动在 0.01 mm 之内。

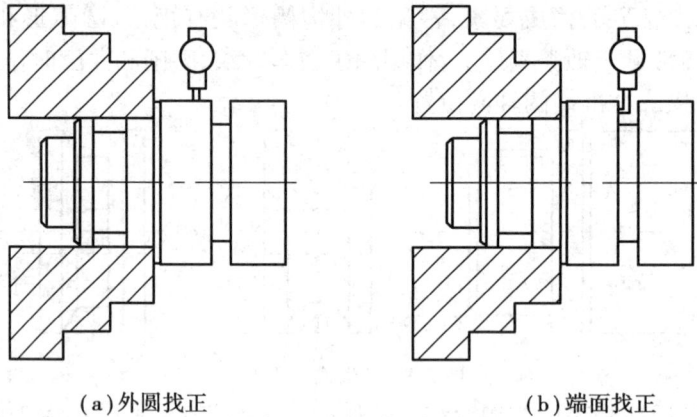

（a）外圆找正 （b）端面找正

图 2-3-7 工件找正示意图

4）相关指令知识

复合固定循环的功能就是通过对零件的轮廓进行定义，只需按照指令格式设定的相关参数，数控系统就会根据参数计算出粗车的走刀路线，自动完成从粗加工到精加工的全部过程。

（1）外圆/内孔粗车复合循环（G71）

指令格式：

G71　U（Δd）　R（e）；

G71　P（ns）　Q（nf）　U（Δu）　　W（Δw）　F（f）　S（s）　T（t）；

Ns…；

…

Nf…；

其中：

Δd——背吃刀量（切削深度），半径值，无正负号；

e——退刀量，半径值；

ns——指定精加工路线的第一个程序段的顺序号；

nf——指定精加工路线的最后一个程序段的顺序号;

Δu——X 方向上的精加工余量(直径值),该余量具有方向性,即外圆的加工余量为正,内孔的加工余量为负;

Δw——Z 方向上的精加工余量;

f,s,t——粗加工循环中的进给速度、主轴转速与刀具功能。

指令说明:

①G71 指令的运动轨迹如图 2-3-8 所示。刀具从循环的起始点 C 开始,快速退至 D 点,在沿 X 方向分层进行切削,假定在某一段程序中指定了由 A—B 的加工路线,并指定每次进给在 Z 轴上的进给量 f,数控系统将控制刀尖由 A 点开始按照图中箭头指示方向实现粗加工循环。

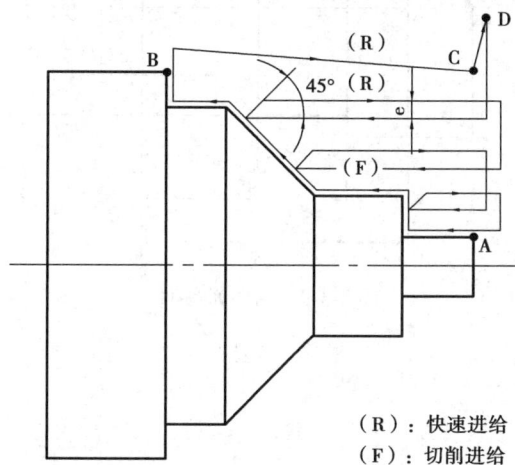

图 2-3-8 G71 指令走刀路线

②G71 指令必须带有 P,Q 地址 ns,nf,且与精加工路径起、止顺序号对应,否则不能进行该循环加工。

③ns 的程序段必须为 G00/G01 指令,即从循环起点 C 到 A 点的动作必须是直线插补或点定位运动,并且精加工轨迹的第一句必须是沿 X 方向的进刀,不能出现 Z 方向的移动。

④在顺序号为 ns 到顺序号为 nf 的程序段中,不应包含子程序。

⑤G71 指令后的 F,S,T 只对粗加工有效,而对精加工无效;而 ns 到 nf 程序段之间的 F,S,T 只对精加工有效,而对粗加工无效。

⑥该指令主要适合于车削圆棒料毛坯,粗车外圆及内径,需要多次走刀才能完成的粗加工。并且车削的轮廓路径必须是单调增大或单调减小,即不可有内凹的轮廓形状。

(2)精车循环(G70)

当用 G71 指令对工件进行粗加工之后,可以用 G70 指令完成精车循环也就是让刀具按粗车循环指令的精加工路线切除粗加工中留下的余量。

指令格式:

G70 P(ns) Q(nf);

其中:

ns——指定精加工路线的第一程序段的顺序号;

nf——指定精加工路线的最后一个程序段的顺序号。

指令说明：

①G70 指令不能单独使用，只能与 G71，G72，G73 指令配合使用，完成精加工余量的去除。

②精加工时，G71，G72，G73 程序段中的 F，S，T 指令无效，ns 到 nf 程序段之间的 F，S，T 才有效。

编程实例：已知毛坯为 $\phi40$ mm 的圆棒料，采用 G71 和 G70 指令对如图 2-3-9 所示的零件进行粗、精加工程序的编制。

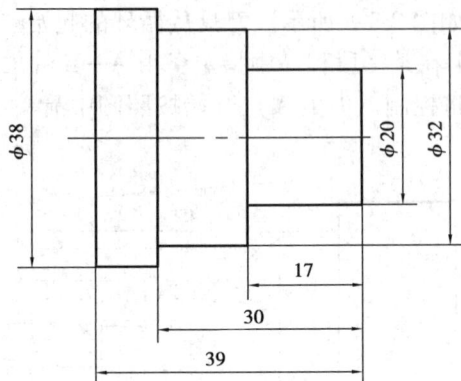

图 2-3-9　台阶轴零件

参考程序如下：

O2303；

G98；

T0101；

M03　S800；

G00　X42　Z2；

G71　U1　R0.5；

G71　P10　Q20　U0.5　W0.02　F200；

N10　G01　X0　F100；

　　　Z0；

　　　X20；

　　　Z－17；

　　　X32；

　　　Z－30；

　　　X38；

　　　Z－39；

N20　X42；

G70　P10　Q20；

G00　X100　Z100；

M05；

M30；

（3）径向切槽循环（G75）

指令格式：

G75　R(e)；

G75　X(u)__　Z(w)__　P(Δi)　Q(Δk)　R(Δd)　F(f)；

其中：

e——退刀量；

X(u)——X方向的终点坐标；

Z(w)——Z方向的终点坐标；

Δi——X方向每次的切入量，用不带符号的半径量表示，单位：μm；

Δk——刀具完成一次径向切削后，Z方向每次的移动量，用不带符号的值表示，单位：μm；

Δd——切削到终点时Z方向的退刀量，通常不指定；

f——进给量。

指令说明：

①执行G75指令时，应指定循环起点的位置，即该指令程序段前的X坐标、Z坐标就是加工起始位置，也是G75循环结束后刀具返回的终点位置（见图2-3-10）。

②G75程序段中的Z(w)值可以省略或设定为0，但Z(w)值为0时，循环执行时刀具仅作X向进给而不作Z向偏移，此时，适合在外圆上切削沟槽或切断。

编程实例：已知毛坯为ϕ45 mm的圆棒料，切槽刀刀头宽度为3 mm，试用G75指令对图2-3-11进行程序编制，工件坐标系设在工件右端面。

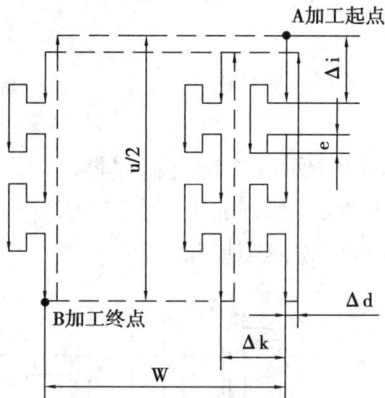

图2-3-10　G75指令走刀路线

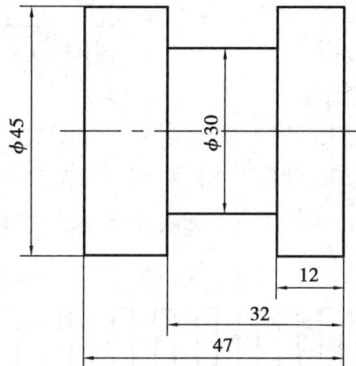

图2-3-11　径向切槽实例

参考程序如下：

O2304；

G98；

T0101；

M03　S500；

G00　X47　Z－15；

G75　R0.5；

G75　X30　Z－32　P2000　Q2500　F50；

G00　X100　Z100；

M05；

M30；

（4）暂停指令（G04）

在进行镗孔、车槽、车台阶轴清根加工时，通常要求刀具在短时间内实现无进给光整加工，以提高工件表面质量，可使用 G04 指令实现暂停，暂停结束后，继续执行下一段程序。

指令格式：

G04　X（P）__；

其中：

X（P）——暂停时间。其中，X 后面可用带小数点的数，单位：s。例如，G04 X3.0 表示前面程序执行完以后，刀具要经过 3 s 的暂停后才执行下面的程序。P 后面不允许用小数点，单位：ms。例如，G04 P2000 表示前面程序执行完以后，刀具要经过 2 s 的暂停后才执行下面的程序。

拓展训练

一、理论训练

1. 简述槽的类型及加工方法。

2. 简述工件同轴度的保证方法。

3. 写出 G71 指令的指令格式，并说明指令中各参数的含义。

4. 写出 G75 指令的指令格式，并说明指令中各参数的含义。

5. 暂停指令 G04 P1000 表示_____。

　A. 暂停 1 s　　　　　　B. 暂停 10 s　　　　　　C. 暂停 100 s　　　　　　D. 暂停 1 000 s

二、技能训练

1. 已知 $\phi30$ 的圆棒料，材料为 2Al2，对如图 2-3-12 所示的切槽进行编程。

2. 已知 $\phi30$ 的圆棒料，材料为 2Al2，如图 2-3-13 所示，制订加工工艺方案，编写加工程序，完成各项加工准备工作，在数控车床上对其加工，并进行检测与质量分析。

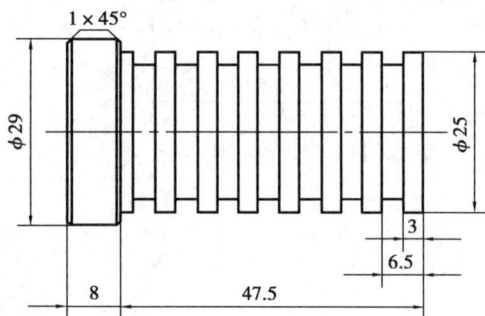

图 2-3-12　零件图（一）

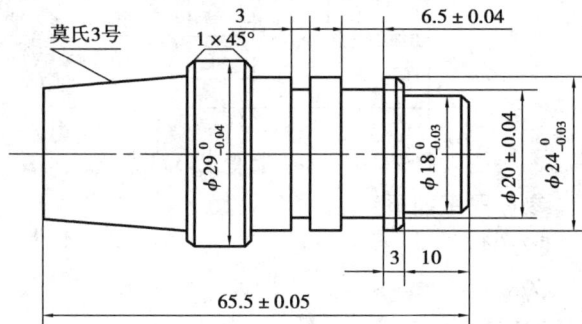

图 2-3-13　零件图（二）

子任务 2.4　数控车削仿形轴

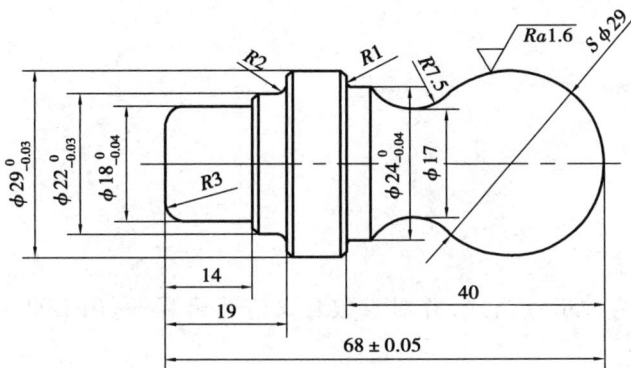

任务描述

本任务为仿形轴零件,主要涉及台阶、凸凹外圆弧面、倒圆角、端面等加工内容。工件毛坯为 $\phi30$ mm 的棒料,材料为 2Al2,如图 2-4-1 所示。根据零件图纸要求,对零件左右两端进行加工,规划合理的刀具路线,编制加工程序,对零件进行仿真加工和实际加工,并对任务进行检测评价。

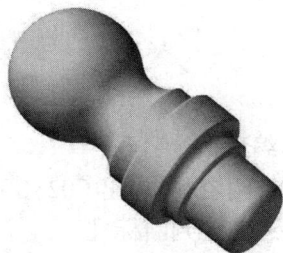

(a)零件图　　　　　　　　　　　　　　(b)实体图

图 2-4-1　仿形轴

任务目标

1. 能理解 G73,G02,G03 指令的编程格式及参数含义,能使用该指令进行正确编程。
2. 能够根据图纸正确计算与编程相关的基点。
3. 会根据图纸正确选择分析刀具副偏角对加工凹圆弧面的影响。
4. 能够确定圆弧的加工路线、会对圆弧面进行检测。

任务引导

1)图纸引导

本零件上 $S\phi29$ 的含义为_____,计算出 $R7.5$ 与 $S\phi29$ 两图素的交点坐标值,并写出计算过程。

2)测量引导

根据零件特点,写出对圆弧的测量计划。

3)刀具引导

根据零件特点,选择合适的刀具。在选择刀具时,应主要考虑哪些因素?

4)编程指令引导

①查阅资料,写出 G02/G03 的两种指令格式,并对参数含义进行解释;写出 G02/G03 圆弧插补运动的判断标准。

②查阅资料,写出 G73 的指令格式及参数含义,并画出指令走刀路线简图。

任务实施

1)刀具调整卡

根据图纸要求,填写仿形轴刀具调整卡,见表 2-4-1。

表 2-4-1　仿形轴刀具调整卡

任务名称		仿形轴		零件图号		2-4-1	
序号	刀具号	刀具名称	刀具型号	加工表面		数量	备注
1	T0101	外圆车刀	MVJNR2020K16	台阶面、圆弧面		1	
2	T0202	切断刀	ZPED0302-MG	切断		1	
编制		审核			批准		

2) 数控加工工序卡

根据图纸要求,填写仿形轴加工工序卡,见表 2-4-2。

表 2-4-2　仿形轴加工工序卡

任务名称		仿形轴	零件图号		2-4-1	机床型号		CK6132
程序编号		2401,2402	材　料		2Al2	夹具名称		三爪卡盘

第 1 次装夹　　　　　　　　　　第 2 次装夹

工序	工步	工步内容	切削用量			G 指令	刀具编号	量具
			n /(r · min^{-1})	f /(mm · min^{-1})	a_p /mm			
1	1	粗车台阶	500	150	1	G71	T0101	游标卡尺
	2	精车台阶	1 000	100	0.5	G70	T0101	千分尺
	3	切断	500	50	3	G01	T0202	千分尺
2	4	调头装夹,保证总长	800	手摇 0.01		手动	T0101	千分尺
3	5	粗车圆弧、台阶	600	150	1	G73	T0101	游标卡尺
	6	精车圆弧、台阶	1 000	100	0.5	G70	T0101	千分尺 R 规
	编制		审核			批准		

3) 数控加工参考程序

根据图纸分析,编制零件加工程序,见表 2-4-3 和表 2-4-4。

表 2-4-3　仿形轴加工程序（左端）

图　号	2-4-1	零件名称	仿形轴	编制日期	
程序名	2101	工　位		负责人	

根据参考程序,绘制刀具运动轨迹简图(可用不同的颜色表示)

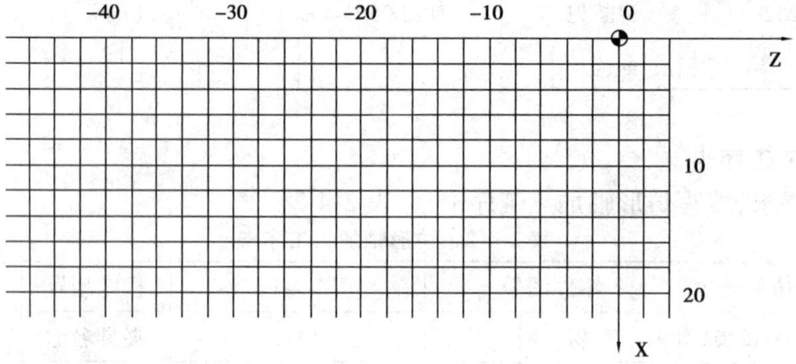

程序内容	程序说明
O2401;	
G98;	
T0101;	
M03　S500;	
G00　X100　Z100;	
X32　Z2;	
G71　U1　R0.5;	
G71　P10　Q20　U0.5　W0.05　F150;	
N10　G01　X0　F100;	
Z0;	
X12;	
G03　X18　Z-3　R3;	
G01　Z-14;	
X21;	
X22　Z-14.5;	
Z-17;	
G02　X26　Z-19　R2;	
G01　X28;	
X29　Z-19.5;	
Z-30;	
N20　X32;	

续表

程序内容	程序说明
G00　X100　Z100;	
M05;	
T0101;	
M03　S1000;	
G00　X32　Z2;	
G70　P10　Q20;	
G00　X100　Z100;	
M05;	
T0202;	
M03　S500;	
G00　X32　Z−72.5;	
G01　X15　F50;	
G00　X17;	
G01　X0;	
G00　X32;	
X100　Z100;	
M05;	
M30;	

表 2-4-4　**仿形轴加工程序**(右端)

图　号	2-4-1	零件名称	仿形轴	编制日期	
程序名	2402	工　位		负责人	

根据参考程序,绘制刀具运动轨迹简图(可用不同的颜色表示)

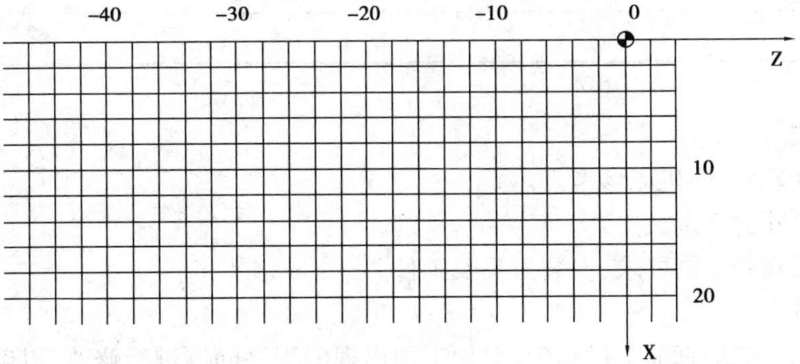

程序内容	程序说明
O2402;	
G98;	

续表

程序内容	程序说明
T0101；	
M03　S600；	
G00　X100　Z100；	
X32　Z2；	
G73　U15　R15；	
G73　P30　Q40　U0.5　W0.05　F150；	
N30　G01　X0　F100；	
Z0；	
G03　X21.09　Z－24.45　R14.5；	
G02　X24　Z－35.94　R7.5；	
G01　Z－39；	
G02　X26　Z－40　R1；	
G01　X28；	
X29　Z－40.5；	
N40　X32；	
G00　X100　Z100；	
M05；	
T0101；	
M03　S1000；	
G00　X32　Z2；	
G70　P30　Q40；	
G00　X100　Z100；	
M05；	
M30；	

4）模拟加工

①打开仿真软件,回机床参考点。

②输入程序并进行调试。

③根据图纸和程序的要求,安装刀具及工件。

④进行对刀。

⑤仿真加工。在仿真加工过程中,对加工中出现的程序问题进行修改,以确保在实际加工中程序的正确性。

5）实际加工

按照表 2-4-5 的操作引导,对仿形轴进行加工。

表 2-4-5　仿形轴加工操作引导流程表

操作项目	操作步骤	操作要点	备注
开机	打开机床电源→打开系统按钮→复位→选择回零模式→机床 X 轴回零→机床 Z 轴回零	机床在回零时要先回 X 轴,再回 Z 轴	
装夹工件	根据工件直径调整卡爪→装夹工件→夹紧工件	注意夹紧力大小合适,毛坯伸出长度为 80 mm	
装夹刀具	1 号刀位安装外圆车刀→2 号刀位安装切断刀	外圆车刀在安装时注意刀具刀尖与工件回转轴线等高	
输入程序	输入程序名→输入程序	程序名不能重复,程序输入要细心	
程序调试	锁定机床→调出程序→模拟仿真→找出问题→修改程序	注意刀路轨迹与编程轮廓是否一致,切削用量是否合理	
试切对刀	试切工件端面→输入 Z 值坐标→试切工件外圆→输入 X 值坐标	通过 MDI 方式进行调刀、验刀,检查刀具位置与坐标显示是否一致;切断刀对刀时采用左刀尖对刀	
自动加工	选择自动加工模式→单段模式→按循环启动	将快速倍率旋钮调至最低,注意观察实际刀具位置与编程位置是否一致。发现加工异常,按"进给保持"键,进行处理	
尺寸控制	暂停→尺寸测量→刀具补偿→再加工	注意尺寸测量的正确性,刀具补偿值及位置输入的正确性	
检查取下	测量工件→卸下工件	注意工件轻拿、轻放	
机床维护与保养	清扫卫生→保养机床	机床保养到位	

任务评价

完成零件的加工后,对零件进行清洗和去毛刺工作,并对其测量,再将测量结果填入表2-4-6 中。

表 2-4-6　仿形轴检测评分表

序号	项目	检测内容	配分	评分标准	评价方式		
					自评	互评	师评
1	直径	$\phi 29_{-0.03}^{0}$	9	超差不得分			
2		$\phi 22_{-0.03}^{0}$	9	超差不得分			
3		$\phi 18_{-0.04}^{0}$	9	超差不得分			
4		$\phi 24_{-0.04}^{0}$	9	超差不得分			

续表

序号	项 目	检测内容	配分	评分标准	评价方式		
					自评	互评	师评
5	圆弧面	$S\phi29$	10	超差不得分			
6		$R7.5$	6	超差不得分			
7		$\phi17$	2	超差不得分			
8		$R3,R2,R1$	3	超差不得分			
9	长度	68 ± 0.05	10	超差不得分			
10		$40,19,14$	3	超差不得分			
11	倒角	$0.5\times45°$	3	超差不得分			
12	表面质量	表面粗糙度 $Ra1.6\ \mu m$	6	降级不得分			
13		表面粗糙度 $Ra3.2\ \mu m$	6	降级不得分			
14	职业素养	安全操作	5	安全文明生产			
15		工量具使用	5	正确使用			
16		机床保养	5	保养合格			
合计(总分)			100				

任务总结

通过本零件的加工,你对学习及加工过程有何体会,请进行总结,并填入表2-4-7中。

表2-4-7　仿形轴加工总结表

引导性问题	体会与感悟
完成本任务最成功之处	
完成本任务最失败之处	
你认为本次任务的难点	
改进方法及措施	

知识解析

1）车圆弧面的加工路线分析

在数控车床上加工圆弧时，一般需要多次走刀，先粗车将大部分余量切除，后精车成形。

（1）阶梯切削法

如图 2-4-2 所示，即先粗车成阶梯，后一次走刀精车出圆弧。此方法在确定了每刀背吃刀量 a_p 后，必须精确计算出每次走刀的 Z 向终点坐标，即求圆弧与直线的交点。这种方法的优点是刀具切削的距离较短。其缺点是数值计算较繁，编程的工作量较大。

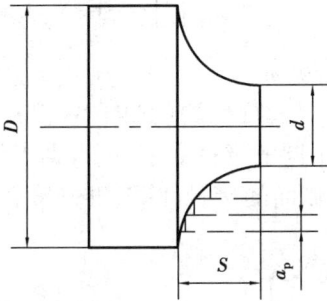

图 2-4-2　阶梯切削法

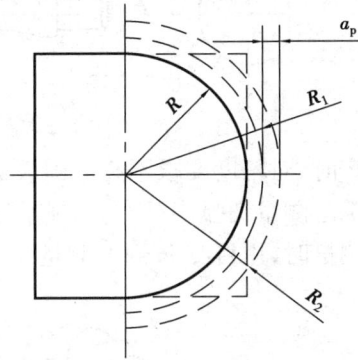

图 2-4-3　同心圆弧切削法

（2）同心圆弧切削法

如图 2-4-3 所示，即先按不同半径的同心圆来车削，后将圆弧加工出来。此方法在确定了每刀背吃刀量 a_p 后，必须精确计算出每个圆弧的起点和终点坐标。这种方法的优点是数值计算简单，编程方便。其缺点是当圆弧半径较大时，刀具的空行程时间较长。

（3）移心圆弧切削法

如图 2-4-4 所示，即按半径相同，但圆心不同的圆弧来车削。此方法在确定了每刀背吃刀量 a_p 后。必须精确计算出每个圆弧的圆心坐标或圆弧的起点或终点坐标。这种方法的优、缺点与同心圆弧切削法相同。

（4）圆锥切削法

如图 2-4-5 所示，即先车一个圆锥（将图 2-4-5 中剖面线部分切除），再车圆弧。采用此方法时，要注意圆锥起点和终点的确定。若确定不好，则可能损坏圆弧表面，也可能将余量留得过大。这种方法的优点是刀具切削路线短。其缺点是数值计算较烦琐。

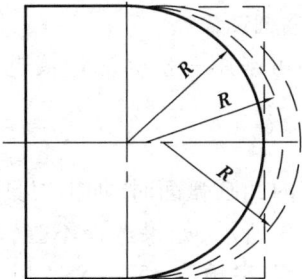

图 2-4-4　移心圆弧切削法

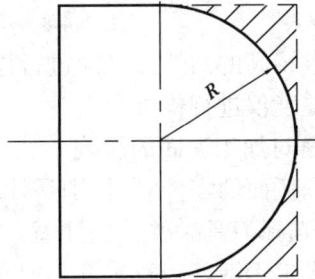

图 2-4-5　圆锥切削法

2) 圆弧的检测

为了保证含有圆弧零件的外形和尺寸的正确,可根据不同的精度要求选用样板、游标卡尺或千分尺进行检测。

在批量生产时,对精度要求不高的圆弧面可用样板检测。检测时,样板中心应对准工件中心,并根据样板与工件之间的间隙大小来修整圆弧面,最终使样板与工件曲面轮廓全部重合即可,如图 2-4-6 所示。

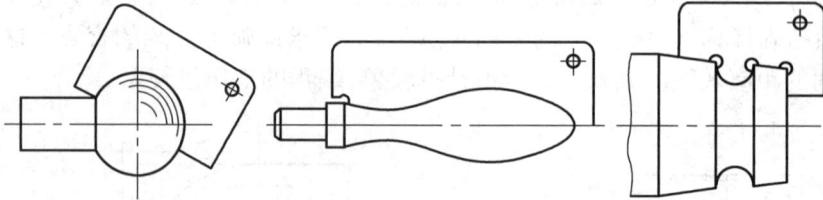

图 2-4-6　用样板检查弧面

在单件生产时,对精度要求不高的圆弧面可用 R 规进行检测(见图 2-4-7)。它和样板一样也是采用光隙法测量圆弧半径的,R 规量片上标有不同的半径数字,可根据工件的圆弧半径对应选取。在测量时,用目测 R 规的测量面与工件圆弧面的接触间隙,准确度较低,只能作定性测量。

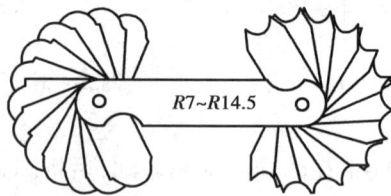

图 2-4-7　R 规

精度要求较高的圆弧面除用样板检测其外形外,还须用游标卡尺或千分尺通过被检测表面的中心并多方位地进行测量,使其尺寸公差满足工件精度要求,如图 2-4-8 所示。

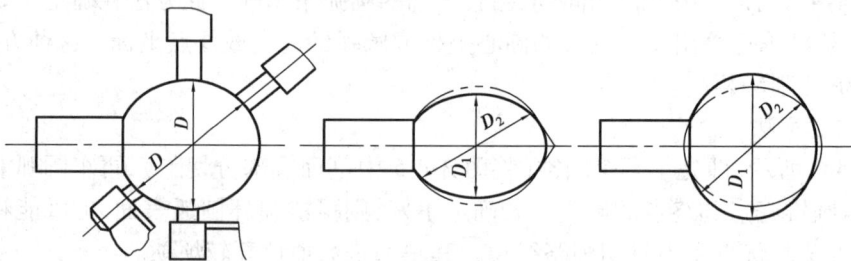

图 2-4-8　用千分尺检查圆弧面

如果精度要求特高的圆弧面必须进行检测时,还可采用三坐标测量仪进行测量。表面粗糙度可用表面粗糙度仪进行检查。

3) 刀具副偏角对加工表面的影响

在加工含有圆弧面的零件时,特别是外表面上有内凹圆弧面时,加工刀具的副偏角对零件表面有很大影响,选择刀具时要特别注意。如图 2-4-9 所示,如果选择不当,车刀副后刀面就会与已加工表面发生干涉。一般主偏角取 90°～93°,刀尖角取 35°～55°,以保证刀尖位于刀具的最前端,避免刀具过切。对本零件的加工,选择的刀片为 35°菱形机夹刀片,安装后主偏

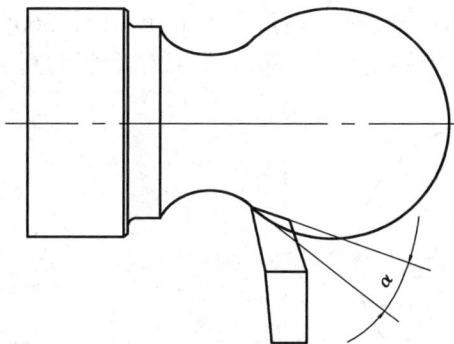

图 2-4-9　副偏角对加工的影响

角为93°,副偏角为55°。

4)相关指令知识

(1)圆弧插补指令(G02/G03)

指令格式:

G02(G03)　X(U)__　Z(W)__　R__　F__;

或

G02(G03)　X(U)__　Z(W)__　I__　K__　F__;

其中:

G02——顺时针圆弧插补;

G03——逆时针圆弧插补;

X(U),Z(W)——圆弧终点坐标;

R——圆弧半径;

I,K——圆心相对于圆弧起点的增量坐标。

指令说明:

①圆弧顺逆的判断

圆弧插补顺逆方向的判断方法是:处在圆弧所在平面的另一坐标轴的正方向看该圆弧,顺时针为 G02,逆时针为 G03。在判断圆弧的顺逆时,一定要注意刀架的位置及 Y 轴的方向。如图 2-4-10 所示为前置刀架、后置刀架不同的判断方向。

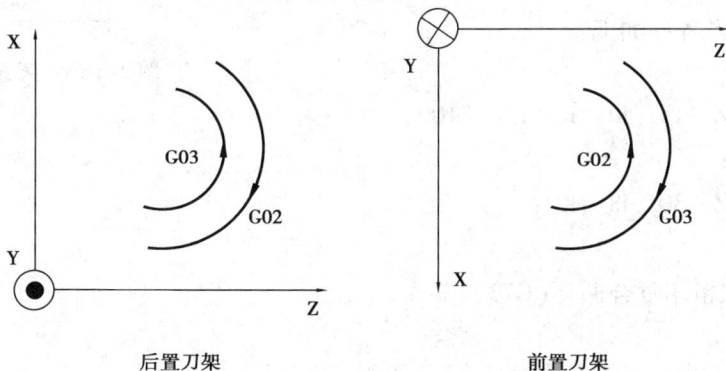

图 2-4-10　圆弧顺逆的判断

②圆弧半径的确定

圆弧用半径 R 指定时,圆弧半径 R 有正值和负值之分。当圆弧圆心角小于或等于180°

85

时,程序中的 R 值用正值表示;当圆弧圆心角大于 180°,小于 360°时,R 值用负值表示。通常情况下,数控车上加工圆弧的圆心角小于 180°。圆弧半径值的判定如图 2-4-11 所示。

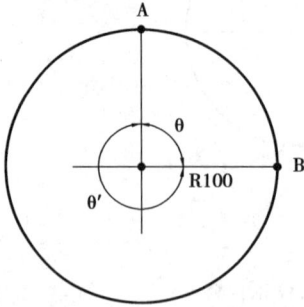

图 2-4-11　用 R 编程时 ±R 的判断

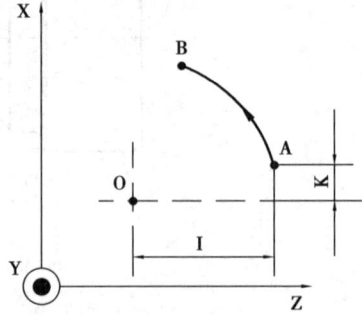

图 2-4-12　圆弧编程中的 I,K 值

R 表示法:用半径 R 带有符号的数值来表示:

θAB≤180°:R 为正值,R100;

θ′BA > 180°:R 为负值,R - 100。

同时,R 编程只适于非整圆的圆弧插补,不能用于整圆的加工。

③I,K 值的计算

如图 2-4-12 所示,I,K 表示圆心相对于圆弧起点的增量坐标,可理解为圆弧的圆心坐标(对应的 X,Z 值)减去圆弧的起点坐标(对应的 X,Z 值),即

$$I = X_{圆心} - X_{起点}$$
$$K = Z_{圆心} - Z_{起点}$$

编程举例:已知毛坯为 ϕ50 mm 的圆棒料,分别采用 R 与 I,K 方式对图 2-4-13 进行编程,要求只描述轮廓轨迹。

R 编程,参考程序如下:

…

G03　X30　Z - 15　R15　F100;

G01　Z - 26;

G02　X38　Z - 30　R4;

…

I,K 编程,参考程序如下:

…

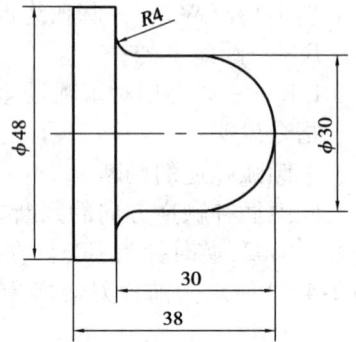

图 2-4-13　圆弧零件编程实例

G03　X30　Z - 15　I0　K - 15　F100;

G01　Z - 26;

G02　X38　Z - 30　I8　K0;

…

(2)固定形状粗车复合循环(G73)

指令格式:

G73　U(Δi)　W(Δk)　R(d);

G73　P(ns)　Q(nf)　U(Δu)　W(Δw)　F(f)　S(s)　T(t);

Ns…;

…

Nf…;

其中：

Δi——X 轴方向的粗加工总余量,为半径值；

Δk——Z 轴方向的粗加工总余量；

d——粗车循环次数；

ns——指定精加工路线的第一个程序段的顺序号；

nf——指定精加工路线的最后一个程序段的顺序号；

Δu——X 方向上的精加工余量（直径值）,该余量具有方向性,即外圆的加工余量为正,内孔的加工余量为负；

Δw——Z 方向上的精加工余量；

f,s,t——粗加工循环中的进给速度、主轴转速与刀具功能。

指令说明：

①G73 循环主要用于车削固定轨迹的轮廓,可高效加工铸造成形、锻造成形或已粗车成形的工件,对零件轮廓的单调性则没有要求。如果不具备类似成形条件的工件,使用该指令进行加工,则会增加刀具在切削过程中的空行程,浪费加工时间。

②使用 G73 指令编程时,应指定循环点,该点既是切削循环的起点位置,也是加工完成后刀具退回的终点位置。对外轮廓的加工,循环点应大于毛坯尺寸,以免退刀时切到工件。

③在 ns 所指程序段中可以向 X 轴或 Z 轴的任意方向进刀。

④第一刀切削时,系统会自动在循环起点位置通过精加工余量与总加工余量、重复次数计算并定位。粗车最后一刀,会沿精加工轮廓并沿偏移精加工余量走刀（见图 2-4-14）。

⑤X 方向的总加工余量 =（待加工外径尺寸 – 工件最小尺寸 – 精加工余量）/2。

⑥在粗车循环中,可进行刀具补偿功能。

编程实例:已知毛坯为 $\phi28$ mm 的圆棒料,采用 G73 和 G70 指令对如图 2-4-15 所示的零件进行粗、精加工程序的编制。

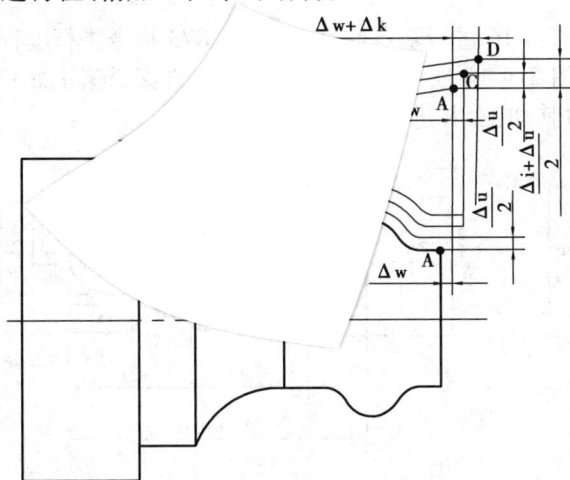

图 2-4-14　固定形状切削循环走刀路线　　图 2-4-15　固定形状切削循环加工实例

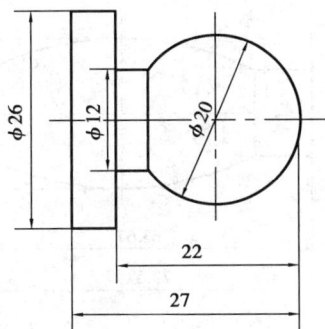

87

参考程序如下：

O2403；

G98；

T0101；

M03　S800；

G00　X30　Z2；

G73　U14　R14；

G73　P10　Q20　U0.5　W0.02　F200；

N10　G01　X0　F100；

　　　Z0；

G03　X12　Z－18　R10；

G01　Z－22；

　　　X26；

　　　Z－27；

N20　X30；

G70　P10　Q20；

G00　X100　Z100；

M05；

M30；

拓展训练

一、理论训练

1. 简述圆弧的测量方法。

2. 对仿形工件的加工，应如何选择刀具？

3. 如何判断 G02/G03 的插补方向？

4. 写出 G02/G03 指令的指令格式，如何确定圆弧半径 R 及 I,K 值？

5. 写出 G73 指令的指令格式，并说明指令中各参数的含义。

二、技能训练

1. 已知 $\phi30$ 的圆棒料，材料为 2Al2，对图 2-4-16 进行基点计算，并采用 G73 指令进行编程。

2. 已知 $\phi30$ 的圆棒料，材料为 2Al2，如图 2-4-17 所示。制订加工工艺方案，编写加工程序，完成各项加工准备工作，在数控车床上对其加工，并进行检测与质量分析。

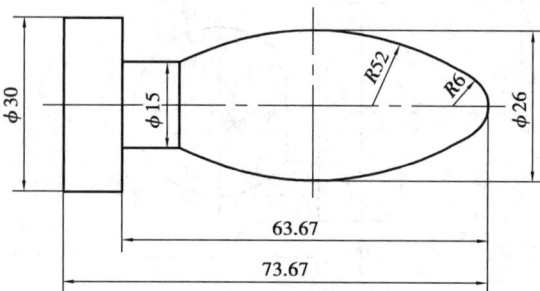

图 2-4-16　零件图（一）

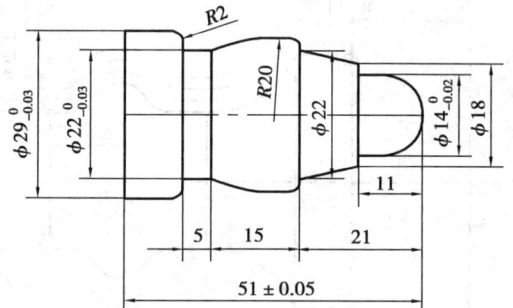

图 2-4-17　零件图（二）

工作任务 3
数控车削螺纹轴类零件

螺纹轴类零件是在数控车床加工中经常遇到的零件。螺纹加工也是数控车床工必须掌握的一项基本技能。本工作任务设置了两个子任务,每个子任务又是一项完整的工作,旨在训练学生在完成一项工作时所遵循的过程与步骤。子任务主要有数控车削三角形螺纹轴和数控车削传动轴。

子任务 3.1　数控车削三角形螺纹轴

📖 任务描述

本任务为三角形螺纹轴零件,主要涉及台阶、三角形螺纹、外径沟槽、倒圆角、圆弧面等加工内容。工件毛坯为 φ30 mm 的棒料,材料为 2Al2,如图 3-1-1 所示。根据零件图纸要求,规划合理的刀具路线,编制加工程序,对零件进行仿真加工和实际加工,并对任务进行检测评价。

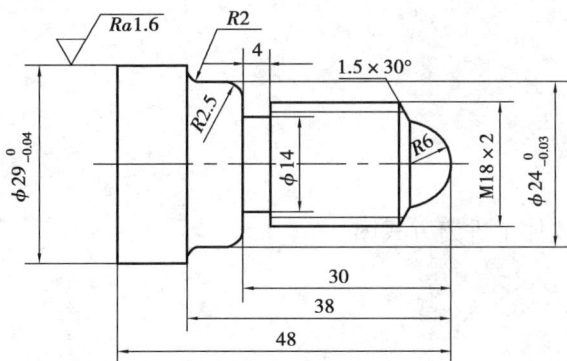
（a）零件图

（b）实体图

图 3-1-1　三角形螺纹轴

任务目标

1. 能理解 G92,G32 指令的编程格式及参数含义,能使用该指令进行正确编程。
2. 会进行三角形螺纹的相关计算。
3. 能进行螺纹起始位置及螺纹加工走刀次数的确定。
4. 能合理选择可转位三角形螺纹车刀,并对其安装。
5. 会对普通三角形螺纹进行测量。

任务引导

1) 图纸引导

零件上 M18×2 的含义是_____。三角形螺纹的有效长度是_____。

2) 测量引导

对三角形螺纹进行测量时,请列出常用的测量工具。

3) 刀具引导

根据机床及零件特点,请列出该零件加工时所需的刀具。

4) 螺纹加工引导

在对三角形螺纹进行加工时,画出螺纹加工进刀方式图。

5)编程指令引导

查阅资料,写出 G92 的指令格式及参数含义,并画出指令走刀路线简图。

任务实施

1)刀具调整卡

根据图纸要求,填写三角形螺纹轴刀具调整卡,见表 3-1-1。

表 3-1-1 三角形螺纹轴刀具调整卡

任务名称		三角形螺纹轴	零件图号		3-1-1	
序号	刀具号	刀具名称	刀具型号	加工表面	数量	备注
1	T0101	外圆车刀	MWLNR2020K08	台阶面、圆弧面	1	
2	T0202	切断刀	ZPED0302-MG	切断	1	
3	T0303	三角形螺纹刀	SER/L2020K16	三角形螺纹	1	
编制		审核		批准		

2)数控加工工序卡

根据图纸要求,填写三角形螺纹轴加工工序卡,见表 3-1-2。

表 3-1-2 三角形螺纹轴加工工序卡

任务名称	三角形螺纹轴	零件图号	3-1-1	机床型号	CK6132
程序编号	3101	材 料	2Al2	夹具名称	三爪卡盘
工序简图					

第 1 次装夹   第 2 次装夹

91

续表

工序	工步	工步内容	切削用量			G指令	刀具编号	量具
			n /(r·min^{-1})	f /(mm·min^{-1})	a_p /mm			
1	1	粗车台阶、圆弧	500	150	1	G71	T0101	游标卡尺
	2	精车台阶、圆弧	1 000	100	0.5	G70	T0101	千分尺
	3	粗精车外沟槽	500	50	3	G01	T0202	千尺分
	4	粗、精车三角形螺纹	600	2 mm/r		G92	T0303	螺纹环规
	5	切断	500	50	3	G01	T0202	游标卡尺
2	6	调头装夹,保证总长	800	手摇0.01		手动	T0101	千分尺
	编制		审核			批准		

3)数控加工参考程序

根据图纸分析,编制零件加工程序,见表3-1-3。

表3-1-3 三角形螺纹轴加工程序

图 号	3-1-1	零件名称	三角形螺纹轴	编制日期	
程序名	3101	工 位		负责人	

根据参考程序,绘制刀具运动轨迹简图(可用不同的颜色表示)

程序内容	程序说明
O3101;	
G98;	
T0101;	
M03 S500;	
G00 X100 Z100;	
X32 Z2;	

程序内容	程序说明
G71　U1　R0.5;	
G71　P10　Q20　U0.5　W0.05　F150;	
N10　G01　X0　F100;	
Z0;	
G03　X12　Z－6　R6;	
G01　X17.85　Z－7.5;	
Z－30;	
X19;	
G03　X24　W－2.5　R2.5;	
G01　Z－36;	
G02　X28　Z－30　R2;	
G01　X29;	
Z－53;	
N20　X32;	
G00　X100　Z100;	
M05;	
T0101;	
M03　S1000;	
G00　X32　Z2;	
G70　P10　Q20;	
G00　X100　Z100;	
M05;	
T0202;	
M03　S500;	
G00　X19　Z－29;	
G01　X14　F50;	
G00　X32;	
Z－30;	
G01　X14;	
G00　X32;	
X100　Z100;	
M05;	

续表

程序内容	程序说明
G99；	
T0303；	
M03　S600；	
G00　X19　Z2；	
G92　X16.7　Z－28　F2；	
X16.1；	
X15.8；	
X15.5；	
X15.4；	
G00　X100　Z100；	
M05；	
T0202；	
M03　S500；	
G00　X31　Z－51.5；	
G01　X14　F50；	
X15；	
X－0.5；	
X100　Z100；	
M05；	
M30；	

4）模拟加工

①打开仿真软件，回机床参考点。

②输入程序并进行调试。

③根据图纸和程序的要求，安装刀具及工件。

④进行对刀。

⑤仿真加工。在仿真加工过程中，对加工中出现的程序问题进行修改，以确保其程序的正确性。

5）实际加工

按照表3-1-4的操作引导，对三角形螺纹轴进行加工。

表 3-1-4 三角形螺纹轴加工操作引导流程表

操作项目	操作步骤	操作要点	备注
开机	打开机床电源→打开系统按钮→复位→选择回零模式→机床 X 轴回零→机床 Z 轴回零	机床在回零时要先回 X 轴,再回 Z 轴	
装夹工件	根据工件直径调整卡爪→装夹工件→夹紧工件	注意夹紧力大小合适,注意毛坯伸出长度为 60 mm	
装夹刀具	1 号刀位安装外圆车刀→2 号刀位安装切断刀→3 号刀位安装螺纹刀	三角形螺纹车刀在安装时注意两侧切削刃的对称中心线与工件轴线垂直	
输入程序	输入程序名→输入程序	程序名不能重复,程序输入要细心	
程序调试	锁定机床→调出程序→模拟仿真→找出问题→修改程序	注意刀路轨迹与编程轮廓是否一致,注意切削用量是否合理	
试切对刀	试切工件端面→输入 Z 值坐标→试切工件外圆→输入 X 值坐标	通过 MDI 方式进行调刀、验刀,检查刀具位置与坐标显示是否一致,切断刀对刀时采用左刀尖对刀,螺纹车刀在对 Z 向时,使 Z 向尽量准确	
自动加工	选择自动加工模式→单段模式→按循环启动	将快速倍率旋钮调至最低,注意观察实际刀具位置与编程位置是否一致。发现加工异常,按"进给保持"键,进行处理	
尺寸控制	暂停→尺寸测量→刀具补偿→再加工	注意尺寸测量的正确性,以及刀具补偿值和位置输入的正确性。螺纹环规的通端通过,止端不能通过,螺纹合格	
检查取下	测量工件→卸下工件	注意工件轻拿、轻放	
机床维护与保养	清扫卫生→保养机床	机床保养到位	

任务评价

完成零件的加工后,对零件进行清洗和去毛刺工作,并对其测量,再将测量结果填入表 3-1-5 中。

表 3-1-5 三角形螺纹轴检测评分表

序号	项 目	检测内容	配分	评分标准	评价方式		
					自评	互评	师评
1	直径	$\phi 29_{-0.04}^{0}$	11	超差不得分			
2		$\phi 24_{-0.03}^{0}$	11	超差不得分			

续表

序号	项 目	检测内容	配分	评分标准	评价方式		
					自评	互评	师评
3	圆弧面	$R6$	6	超差不得分			
4		$R2,R2.5$	4	超差不得分			
5	槽	$\phi14\times4$	8	超差不得分			
6	长度	48,38,30	6	超差不得分			
7	螺纹	$M18\times2$	16	超差不得分			
8		表面粗糙度 $Ra1.6\ \mu m$	8	降级不得分			
9	螺纹倒角	$1.5\times30°$	3	超差不得分			
10	表面质量	表面粗糙度 $Ra1.6\ \mu m$	6	降级不得分			
11		表面粗糙度 $Ra3.2\ \mu m$	6	降级不得分			
12	职业素养	安全操作	5	安全文明生产			
13		工量具使用	5	正确使用			
14		机床保养	5	保养合格			
合计(总分)			100				

任务总结

通过本零件的加工,你对学习及加工过程有何体会,请进行总结,并填入表3-1-6中。

表3-1-6 三角形螺纹轴加工总结表

引导性问题	体会与感悟
完成本任务最成功之处	
完成本任务最失败之处	
你认为本次任务的难点	
改进方法及措施	

知识解析

1）三角形螺纹相关知识

（1）三角形螺纹加工方法

在数控车床上加工三角螺纹常用的方法有以下两种：

①直进法车螺纹

如图 3-1-2（a）所示，车螺纹时，经试切检查工件，螺距符合要求后，径向垂直于工件轴线进刀，重复多次，直至螺纹车好，这种车削方法牙型较准确。但车刀两刃同时切削且排屑不畅，受力大，容易产生"扎刀"现象，车刀易磨损，切屑会划伤螺纹表面。

②斜进法车螺纹

如图 3-1-2（b）所示，当工件螺距大于 3 mm 时，一般采用斜进法加工螺纹。斜进法是车刀沿螺纹牙型一侧在径向进刀的同时作轴向进给，经多次走刀完成螺纹的加工，最后采用直进法走刀，保证螺纹牙型角的精度。此种加工方法因采用单侧刃切削，刀具负载较小，排屑容易，刀尖的受力和受热情况有所改善，故不容易产生"扎刀"现象。

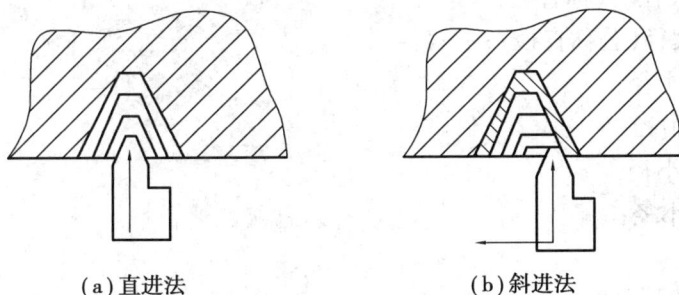

(a)直进法　　　　　　　(b)斜进法

图 3-1-2　螺纹切削方法

直进法适合加工导程较小的螺纹，斜进法适合加工导程较大的螺纹。每次进给的背吃刀量递减，常用螺纹切削的进给次数与背吃刀量可参考表 3-1-7。

表 3-1-7　常用螺纹切削进给次数与背吃刀量/mm

螺距		1.0	1.5	2.0	2.5	3.0
牙高（直径值）		1.3	1.95	2.6	3.25	3.9
每次背吃刀量（直径值）	1 次	0.8	1.0	1.2	1.3	1.2
	2 次	0.4	0.6	0.7	0.9	0.7
	3 次	0.1	0.25	0.4	0.5	0.6
	4 次	—	0.1	0.2	0.3	0.4
	5 次	—	—	0.1	0.15	0.4
	6 次	—	—	—	0.1	0.4
	7 次	—	—	—	—	0.2

（2）三角形螺纹的相关计算

①螺纹的基本要素

普通螺纹是应用最为广泛的一种三角形螺纹，牙型角为60°。普通螺纹分为粗牙普通螺纹和细牙普通螺纹。粗牙普通螺纹用代号字母"M"及公称直径表示；细牙普通螺纹用代号字母"M"及公称直径×螺距表示。普通三角螺纹的基本牙型如图3-1-3所示。各基本尺寸的名称如下：

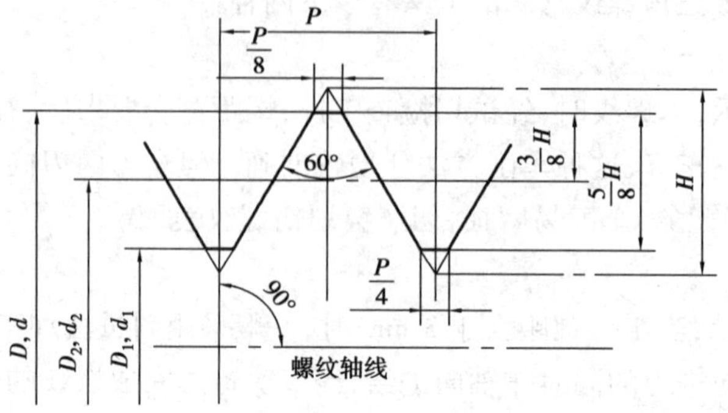

图3-1-3　普通三角螺纹基本牙型

D——内螺纹大径（公称直径）；

d——外螺纹大径（公称直径）；

D_2——内螺纹中径；

d_2——外螺纹中径；

D_1——内螺纹小径；

d_1——外螺纹小径；

P——螺距；

H——原始三角形高度。

②螺纹车削前各主要尺寸的计算（见表3-1-8）

表3-1-8　三角形螺纹各主要尺寸计算

理论公式		经验公式	
螺纹大径 $D(d)$	螺纹大径等于公称直径	螺纹大径 $D(d)$	$d_{大} = d_{公} - 0.1P$
螺纹中径 $D_2(d_2)$	$D_2 = d_2 = d - 0.649\,5P$	螺纹中径 $D_2(d_2)$	$D_2 = d_2 = d - 0.649\,5P$
螺纹小径 $D_1(d_1)$	$D1 = d_1 = d - 1.082\,5P$	螺纹小径 $D_1(d_1)$	$D_1 = d_1 = d - 1.3P$
牙型高度 h_1	$h_1 = 0.541\,3P$	牙型高度 h_1	$h_1 = 0.65P$

在加工螺纹时，根据图纸上螺纹的尺寸标注，一般知道螺纹的公称直径（大径）、线数、螺距及加工尺寸等级。但在编程时，必须根据上述参数计算出螺纹的实际大径、小径、牙型高度、中径，以便进行精度控制和测量。其计算可分为理论计算和经验计算。

（3）螺纹轴向进给距离的分析及起始位置确定

①螺纹轴向进给距离的分析

车螺纹时，刀具沿螺纹方向的进给应与工件主轴旋转保持严格的速比关系。刀具从停止状态到达指定的进给速度或从指定的进给速度降为零，驱动系统必须有一个过渡过程。因此，沿轴向进给的加工路线长度除保证加工螺纹长度外,还应增加刀具引入距离 δ_1 和刀具引出距离 δ_2,即升速段和减速段,如图 3-1-4 所示。δ_1,δ_2 的数值与螺距和转速有关,由系统设定。一般取 δ_1 为 2 ~ 5 mm,δ_2 约为 $1/2\delta_1$。

②螺纹起始位置确定

在一个螺纹的整个切削过程中,螺纹起点的 Z 坐标值应始终设定为一个固定值,否则会使螺纹"乱扣"。

A. 单线螺纹

在单线螺纹分层切削时,要保证刀具每次都切削在这同一条螺纹线上,就要保证刀具的轴向和圆周起始位置都是固定的,即在轴向方向每次切削时的起始点 Z 坐标都应当是同一个坐标值。

B. 多线螺纹

轴向分线法是在数控车床上车削多线螺纹常用的方法。它是通过改变螺纹切削时刀具起始点 Z 坐标来确定各线螺纹的位置,如图 3-1-5 所示。

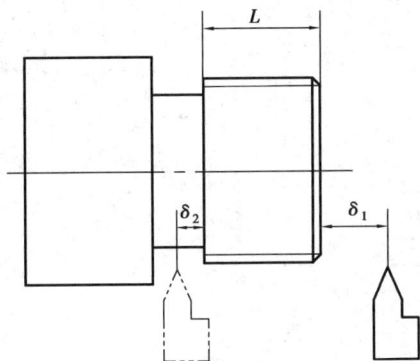

图 3-1-4　切螺纹时的引入、引出距离

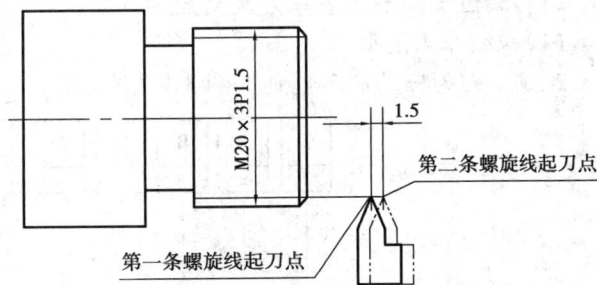

图 3-1-5　多线螺纹切削 Z 向起刀点

(4)三角形螺纹的测量

①螺纹大径的测量

一般情况下,螺纹大径的公差较大,可直接用游标卡尺或千分尺测量。

②综合测量

对标准螺纹,可采用螺纹环规或塞规来测量。螺纹环规及塞规外形如图 3-1-6 所示。用这种方法对螺纹进行测量是一种综合性测量。在测量外螺纹时,如果螺纹"通端"环规正好旋进,而"止端"环规旋不进,则说明所加工的螺纹符合要求;反之,则不合格。测量内螺纹时,采用螺纹塞规,以相同的方法进行测量。

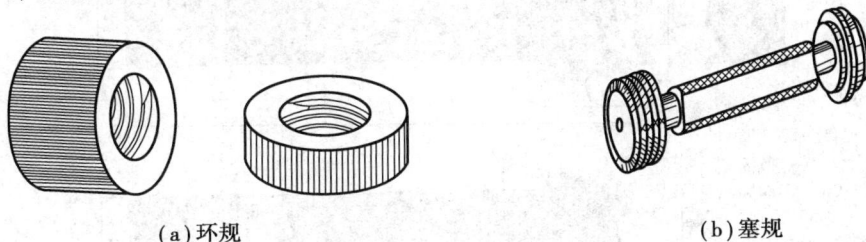

(a)环规　　　　　　　　(b)塞规

图 3-1-6　螺纹量规

③螺纹中径的测量

螺纹千分尺是用来测量螺纹中径的,如图3-1-7所示。其结构和使用方法与外径千分尺基本相同,所不同的是螺纹千分尺有两个和螺纹牙型角相同的触头,一个呈圆锥体,另一个呈凹槽。有一系列的测量触头可供不同的牙型角和螺距选用。测量时,螺纹千分尺的两个触头正好卡在螺纹的牙型面上,所得的读数就是该螺纹中径的实际尺寸。

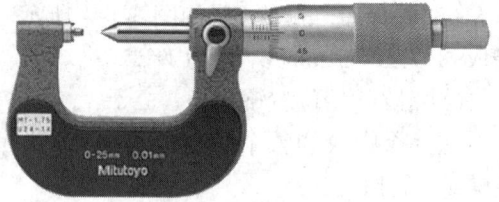

图3-1-7 螺纹千分尺

（5）车螺纹前直径尺寸的确定

一般情况下,车外螺纹前首先应将螺纹大径加工好,外螺纹大径一般比公称尺寸小0.2 ~ 0.4 mm,也可采用经验公式计算。其计算公式为

$$d = 公称直径 - (0.1 \sim 0.13)P$$

式中　　d——螺纹加工前的实际尺寸;

　　　　P——螺纹的螺距。

上述公式已经考虑了部分直径公差的要求。

2）可转位三角形螺纹车刀及其安装

（1）螺纹车刀的型号

螺纹车刀刀杆的命名规则如图3-1-8所示。

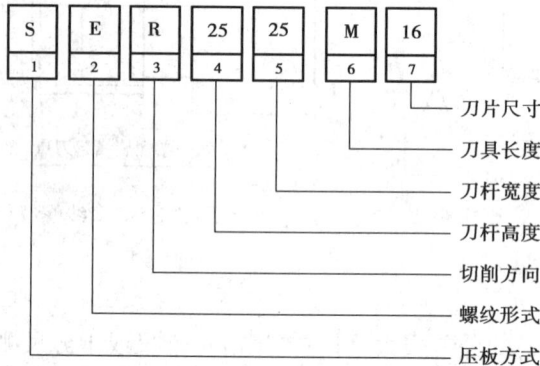

S	E	R	25	25	M	16
1	2	3	4	5	6	7

— 刀片尺寸
— 刀具长度
— 刀杆宽度
— 刀杆高度
— 切削方向
— 螺纹形式
— 压板方式

图3-1-8 螺纹车刀刀杆的命名规则

选择螺纹车刀时,首先根据图纸判断车削螺纹的类型,依据螺纹类型选择相对应类型的螺纹刀具。根据图纸特点,选择SER/L系列可转位三角形外螺纹车刀。其外形如图3-1-9所示,刀具供应商提供型号见表3-1-9。现选择型号为SER/L2020K16。

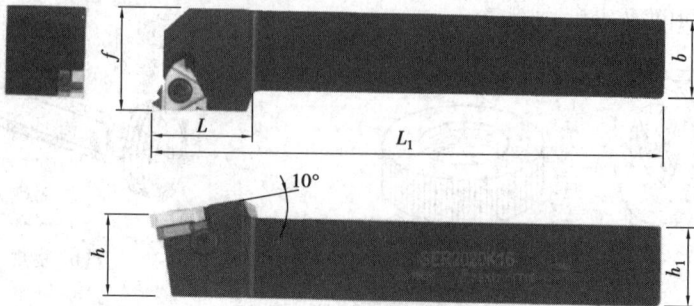

图3-1-9 可转位外三角形螺纹车刀外形图

表 3-1-9　可转位三角形外螺纹车刀刀杆型号

型　号	刀　片	规　格						刀垫	螺钉	侧螺钉	扳手
		h	b	L	L_1	h_1	f				
SER/L1010H11	11ER/L□□	10	10	100	16	10	12		M2.5×6		T8
SER/L1212H11		12	12	100	16	12	16				
SER/L1212H16	16ER/L□□	12	12	100	20	12	18	STM1603R STM1603L	M3.5×12	M3×8C	T15
SER/L1616H16		16	16	100	20	16	20				
SER/L2020K16		20	20	125	22	20	25				
SER/L2525M16		25	25	150	22	25	32				
SER/L3225P16		32	32	170	25	32	32				

（2）三角形螺纹车刀的安装

①在装夹螺纹车刀时,刀尖位置一般应与机床主轴轴线等高。如果装得过高,则车到一定深度时,车刀的后面顶住工件,将增大摩擦力,甚至顶弯工件;如果装得过低,则切屑不易排出,径向力加大,容易把工件抬起,出现啃刀现象。

②螺纹车刀的两侧切屑刃应对称并垂直于工件轴线。如果螺纹车刀装歪,加工出的螺纹牙型就会歪斜,从而影响正常的配合。装刀时,可用角度样板进行装刀,如图 3-1-10 所示。

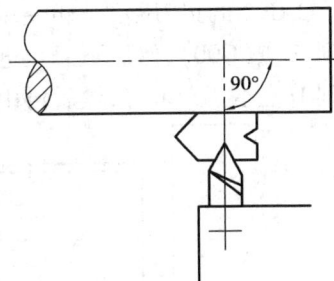

图 3-1-10　外螺纹车刀的安装

3）相关指令知识

（1）单一螺纹切削指令（G32）

指令格式:

G32　X(U)__　Z(W)__　F__;

其中:

X(U),Z(W)——螺纹切削的终点坐标;

X,Z——绝对坐标;

U,W——相对坐标;

F——指定螺纹的导程,单线时为螺距。

指令说明:

该指令主要用于圆柱或圆锥螺纹的加工,但是在加工过程中,刀具的切入、切削、切出、返回都要靠编程完成,加工程序较长。刀具要完成一次切削,要经过如图 3-1-11 所示的轨迹示

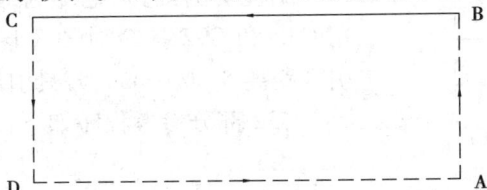

图 3-1-11　G32 加工圆柱螺纹

101

意图:A→B 为 G00 空刀快速切入,B→C 为 G32 螺纹加工,C→D 为 G00 空刀快速退刀,D→A 为 G00 刀具返回。

(2)单一切削循环螺纹指令(G92)

指令格式:

G92　X(U)__　Z(W)__　F;　　　　　//圆柱螺纹

G92　X(U)__　Z(W)__　R__　F__;　//圆锥螺纹

其中:

X(U),Z(W)——螺纹切削终点坐标;

X,Z——绝对坐标;

U,W——相对坐标;

R——圆锥面切削起点处的 X 坐标减去终点处 X 坐标之差的 1/2,起点坐标大于终点坐标时,R 为正值,反之为负;

F——螺纹的导程(单线时为螺距)。

指令说明:

①G92 的走刀路线与单一固定循环 G90 相似,其走刀轨迹如图 3-1-12 所示。刀具首先定位到 A 点(G00),然后下刀至进刀深度 B 点(G00),再由 B 点到 C 点车削螺纹(G92),再由 C 点到 D 点退刀(G00),最后再由 D 返回 A 点(G00)。

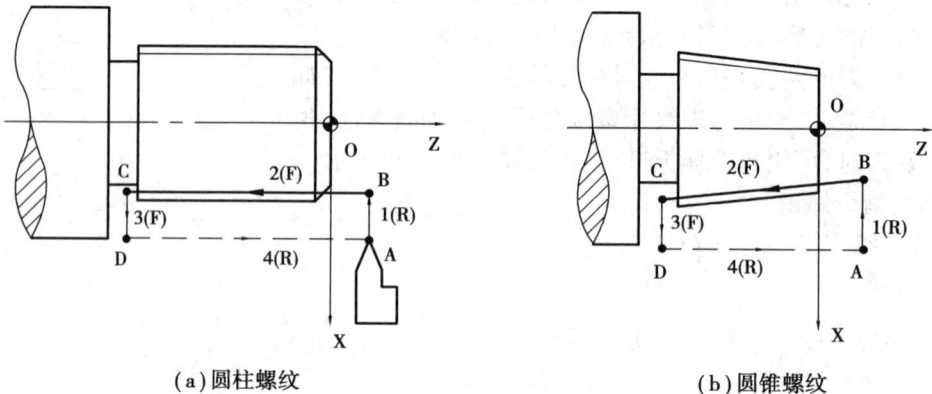

(a)圆柱螺纹　　　　　　　　　　　(b)圆锥螺纹

图 3-1-12　G92 指令走刀路线

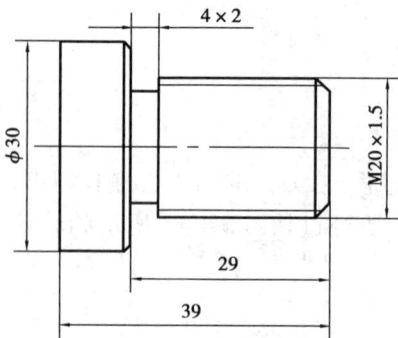

图 3-1-13　螺纹编程实例

②在加工螺纹时,如果加工余量过大,一刀不能完全去除余量,则需要分层加工。

③执行 G92 循环时,在螺纹切削的退尾处,刀具沿接近 45°的方向斜向退刀,Z 向退刀距离在(0.1 ~ 12.7)P,该值由系统参数设定。

编程实例:已知毛坯为 $\phi30$ mm 的圆棒料,分别采用 G32 和 G92 指令对图 3-1-13 进行编程,螺纹切削的引入距离 δ_1 取 6 mm,刀具引出距离 δ_2 取 2 mm。

G32 部分参考程序如下:

……

```
G00   X19   Z6；
G32   Z－27   F1.5；
G00   X21；
      Z6；
      X18.4；
G32   Z－27   F1.5；
G00   X21；
      Z6；
      X18.15；
G32   Z－27   F1.5；
G00   X21；
      Z6；
      X18.05；
G32   Z－27   F1.5；
G00   X21；
      Z6；
G00   X100   Z100；
…
```

G92 部分参考程序如下：

```
…
G00   X21   Z6；
G92   X19   Z－27   F1.5；
      X18.4；
      X18.15；
      X18.05；
G00   X100   Z100；
…
```

拓展训练

一、理论训练

1.数控车削三角形螺纹的进刀方法有哪几种方法？简述其加工特点及适合场合。

2.螺纹加工时，为什么设置螺纹导入距离和导出距离？对不同螺距的螺纹，应如何设定？

3.三角形螺纹车刀的安装对螺纹加工有什么影响？

4.三角形螺纹的测量方法有哪几种？简述其测量特点。

5.写出 G32，G92 螺纹加工指令的指令格式及参数含义。

二、技能训练

1.已知 φ30 的圆棒料，材料为 2Al2，对如图 3-1-14 所示的多线螺纹进行编程。

2.已知 $\phi30$ 的圆棒料,材料为2Al2,如图3-1-15所示。制订加工工艺方案,编写加工程序,完成各项加工准备工作,在数控车床上对其加工,并进行检测与质量分析。

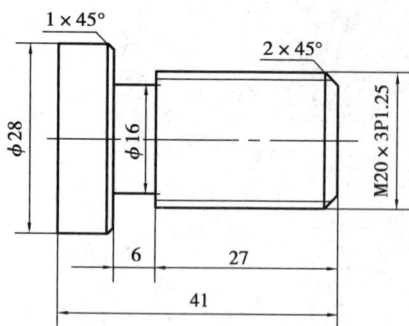

图3-1-14　零件图(一)

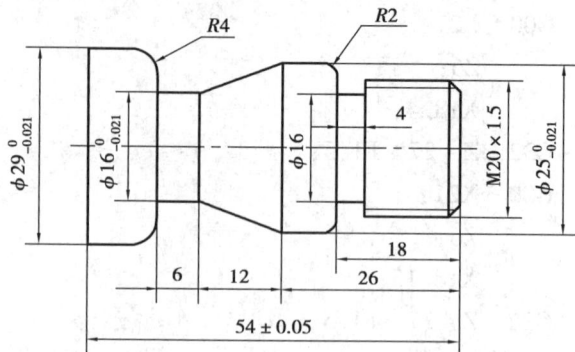

图3-1-15　零件图(二)

子任务3.2　数控车削传动轴

📖 任务描述

本任务为传动轴零件,主要涉及台阶、梯形螺纹、外径沟槽、倒圆角等加工内容,工件毛坯为 $\phi50$ mm 的棒料,材料为2Al2,如图3-2-1所示。根据零件图纸要求,规划合理的刀具路线,编制加工程序,对零件进行仿真加工和实际加工,并对任务进行检测评价。

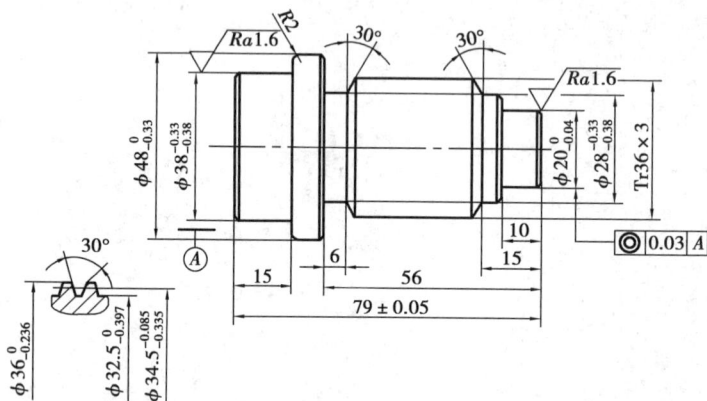

(a)零件图

(b)实体图

图3-2-1　传动轴

👤 任务目标

1.能理解 G76 指令的编程格式及参数含义,能使用该指令进行正确编程。

2.会对梯形螺纹的相关参数进行计算。

3.能够正确进行梯形螺纹的测量。

任务引导

1）图纸引导

零件上 Tr36×3 的含义是 _____，符号的

◎ | 0.025 | A | 含义为 _____。

2）测量引导

梯形螺纹的测量方法有哪几种？写出三针测量和单针测量的测量公式，并对其参数进行说明。

3）刀具引导

根据零件特点，请列出本零件加工时所需的刀具。

4）梯形螺纹参数引导

分别写出梯形螺纹的大径、中径、小径及牙高的计算公式。

5）编程指令引导

查阅资料，写出 G76 的指令格式及参数含义，并画出指令走刀路线简图。

任务实施

1）刀具调整卡

根据图纸要求，填写传动轴刀具调整卡，见表 3-2-1。

表 3-2-1　传动轴刀具调整卡

任务名称		传动轴		零件图号		3-2-1	
序号	刀具号	刀具名称	刀具型号	加工表面	数量		备注
1	T0101	外圆车刀	MWLNR2020K08	台阶面 圆弧面	1		
2	T0202	切断刀	GHDR-2020K-3-25L	切断	1		
3	T0303	梯形螺纹刀	SER/L2020K16	梯形螺纹	1		16NR3.0TR
编制		审核			批准		

2) 数控加工工序卡

根据图纸要求,填写传动轴加工工序卡,见表 3-2-2。

表 3-2-2　传动轴加工工序卡

任务名称		传动轴	零件图号		3-2-1	机床型号		CK6132
程序编号		3201,3202	材 料		2Al2	夹具名称		三爪卡盘

第 1 次装夹　　　　　　　第 2 次装夹

工序	工步	工步内容	切削用量			G 指令	刀具编号	量具
			n /(r·min^{-1})	f /(mm·min^{-1})	a_p /mm			
1	1	粗车台阶	500	150	1	G71	T0101	游标卡尺
	2	精车台阶	1 000	100	0.5	G70	T0101	千分尺
	3	切槽	500	50	3	G01	T0202	千分尺
	4	粗、精车梯形螺纹	400	3 mm/r		G76	T0303	公法线千分尺
	5	切断	500	50	3	G01	T0202	游标卡尺
2	6	调头装夹,保证总长	800	手摇 0.01		手动	T010	千分尺
3	7	粗车台阶	500	150	1	G71	T0101	游标卡尺
	8	精车台阶	1 000	100	0.5	G70	T0101	千分尺
编制		审核			批准			

3)数控加工参考程序

根据图纸分析,编制零件加工程序,见表3-2-3、表3-2-4。

表 3-2-3　传动轴加工程序(右端)

图　号	3-2-1	零件名称	传动轴	编制日期	
程序名	3201	工　位		负责人	

根据参考程序,绘制刀具运动轨迹简图(可用不同的颜色表示)

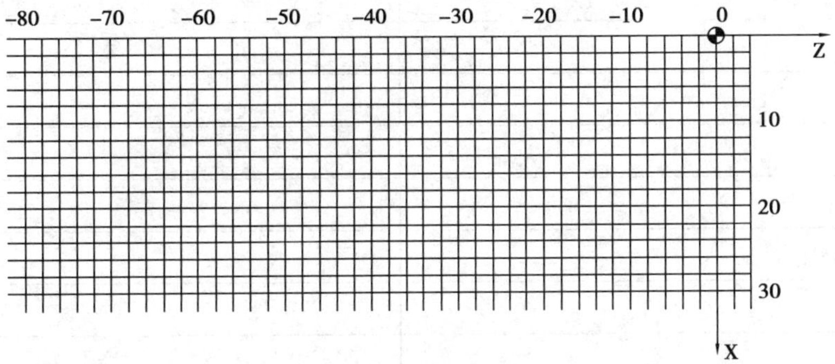

程序内容	程序说明
O3201;	
G98;	
T0101;	
M03　S500;	
G00　X100　Z100;	
X52　Z2;	
G71　U1　R0.5;	
G71　P10　Q20　U0.5　W0.05　F150;	
N10　G01　X0　F100;	
Z0;	
X18;	
X20　Z－1;	
Z－10;	
X26;	
X28　W－1;	
Z－15;	
X35.8　Z－17.31;	
Z－56;	
X46;	
X48　W－1;	

续表

程序内容	程序说明
Z - 68;	
N20　X52;	
G00　X100　Z100;	
M05;	
T0101;	
M03　S1000;	
G00　X52　Z2;	
G70　P10　Q20;	
G00　X100　Z100;	
M05;	
T0202;	
M03　S500;	
G00　X37　Z - 56;	
G01　X28　F50;	
G00　X37;	
Z - 53;	
G01　X28　F50;	
G00　X37;	
Z - 47.69;	
G01　X28　Z - 53　F50;	
G00　X37;	
X100　Z100;	
M05;	
G99;	
T0303;	
M03　S400;	
G00　X37　Z6;	
G76　P021030　Q50　R0.1;	
G76　X32.5　Z - 53　P1750　Q500　F3;	
G00　X100　Z100;	
M05;	
T0202;	

程序内容	程序说明
M03　S500;	
G00　X52　Z-82.5;	
G01　X30　F50;	
X32;	
X17;	
X0;	
G00　X52;	
X100　Z100;	
M05;	
M30;	

表 3-2-4　传动轴加工程序(左端)

图　号	3-2-1	零件名称	传动轴	编制日期	
程序名	3202	工　位		负责人	

根据参考程序,绘制刀具运动轨迹简图(可用不同的颜色表示)

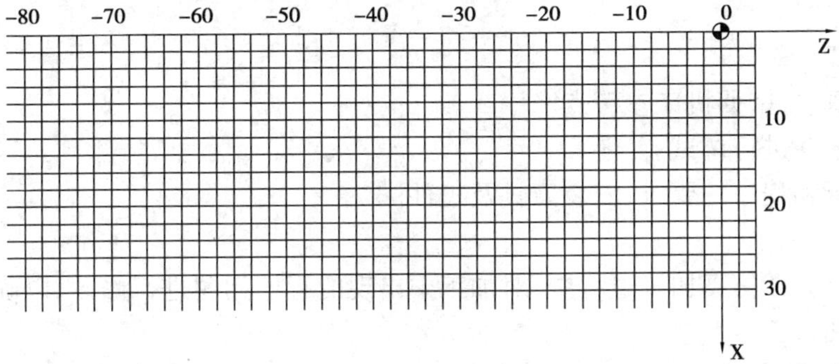

程序内容	程序说明
O3202;	
G98;	
T0101;	
M03　S500;	
G00　X52　Z2;	
G71　U1　R0.5;	
G71　P30　Q40　U0.5　W0.05　F150;	

109

续表

程序内容	程序说明
N30　G01　X0　F100；	
Z0；	
X36；	
X38　Z－1；	
Z－15；	
X44；	
G03　X48　W－2　R2；	
N40　　X52；	
G00　X100　Z100；	
M05；	
T0101；	
M03　S1000；	
G00　X52　Z2；	
G70　P30　Q40；	
G00　X100　Z100；	
M05；	
M30；	

4）模拟加工

①打开仿真软件，回机床参考点。

②输入程序并进行调试。

③根据图纸和程序的要求，安装刀具及工件。

④进行对刀。

⑤仿真加工。在仿真加工过程中，对加工中出现的程序问题进行修改，以确保在实际加工中程序的正确性。

5）实际加工

按照表3-2-5的操作引导，对传动轴进行加工。

表3-2-5　传动轴加工操作引导流程表

操作项目	操作步骤	操作要点	备注
开机	打开机床电源→打开系统按钮→复位→选择回零模式→机床X轴回零→机床Z轴回零	机床在回零时要先回X轴，再回Z轴	
装夹工件	根据工件直径调整卡爪→装夹工件→夹紧工件	注意夹紧力大小合适，注意毛坯伸出长度为90 mm	

续表

操作项目	操作步骤	操作要点	备注
装夹刀具	1 号刀位安装外圆车刀→2 号刀位安装切断刀→3 号刀位安装螺纹刀	梯形螺纹车刀在安装时使用样板进行装刀	
输入程序	输入程序名→输入程序	程序名不能重复,程序输入要细心	
程序调试	锁定机床→调出程序→模拟仿真→找出问题→修改程序	注意刀路轨迹与编程轮廓是否一致,注意切削用量是否合理	
试切对刀	试切工件端面→输入 Z 值坐标→试切工件外圆→输入 X 值坐标	通过 MDI 方式进行调刀、验刀,检查刀具位置与坐标显示是否一致。切断刀对刀时,采用左刀尖对刀。螺纹车刀在对 Z 向时,使 Z 向尽量准确	
自动加工	选择自动加工模式→单段模式→按循环启动	将快速倍率旋钮调至最低,注意观察实际刀具位置与编程位置是否一致。发现加工异常,按"进给保持"键,进行处理	
尺寸控制	暂停→尺寸测量→刀具补偿→再加工	注意尺寸测量的正确性,刀具补偿值及位置输入的正确性。梯形螺纹的测量采用三针测量	
检查取下	测量工件→卸下工件	注意工件轻拿、轻放	
机床维护与保养	清扫卫生→保养机床	机床保养到位	

任务评价

完成零件的加工后,对零件进行清洗和去毛刺工作,并对其进行测量,再将测量结果填入表 3-2-6 中。

表 3-2-6　传动轴检测评分表

序号	项　目	检测内容	配分	评分标准	评价方式		
					自评	互评	师评
1	直径	$\phi 48_{-0.03}^{0}$	6	超差不得分			
2		$\phi 38_{-0.38}^{-0.33}$	6	超差不得分			
3		$\phi 20_{-0.04}^{0}$	6	超差不得分			
4		$\phi 28_{-0.38}^{-0.33}$	6	超差不得分			
5	梯形螺纹	$\phi 36_{-0.236}^{0}$	2	超差不得分			
6		$\phi 32.5_{-0.397}^{0}$	2	超差不得分			
7		$\phi 34.5_{-0.335}^{-0.085}$	6	超差不得分			
8		螺距 3	3	超差不得分			
9		牙型角 30°	3	超差不得分			

续表

序号	项 目	检测内容	配分	评分标准	评价方式		
					自评	互评	师评
10	槽	$\phi28^{-0.033}_{-0.038}$	6	超差不得分			
11		6	2	超差不得分			
12	长度	79 ± 0.05	8	超差不得分			
13		15,56,10,15	4	超差不得分			
14	倒角	30°	6	超差不得分			
		R2	3	超差不得分			
15		1 ×45°	4	超差不得分			
16	形位公差	◎ 0.03 A	4	超差不得分			
17	表面质量	表面粗糙度 Ra1.6 μm	4	降级不得分			
18		表面粗糙度 Ra3.2 μm	4	降级不得分			
19	职业素养	安全操作	5	安全文明生产			
20		工量具使用	5	正确使用			
21		机床保养	5	保养合格			
合计(总分)			100				

任务总结

通过本零件的加工,你对学习及加工过程有何体会,请进行总结,并将体会与感悟填入表3-2-7 中。

表 3-2-7　传动轴加工总结表

引导性问题	体会与感悟
完成本任务最成功之处	
完成本任务最失败之处	
你认为本次任务的难点	
改进方法及措施	

知识解析

1) 梯形螺纹的尺寸计算

梯形螺纹分为公制和英制两种。国家标准规定公制梯形螺纹的牙型角为30°,如图 3-2-2 所示。梯形螺纹的代号用字母"Tr"及公称直径×螺距表示,单位均为 mm。左旋螺纹需在尺寸规格之后加注"LH",右旋则不注出,如 Tr36×6 等。

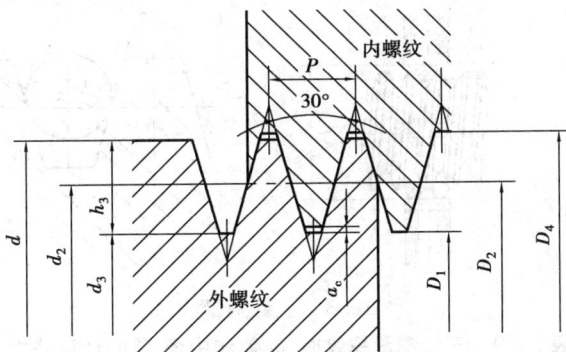

图 3-2-2　梯形螺纹的牙型

梯形螺纹的基本要素名称、代号及计算公式见表 3-2-8。

表 3-2-8　梯形螺纹的基本要素名称、代号及计算公式

名　称		代　号	计算公式		
牙型角		α	$\alpha = 30°$		
螺距		P	由螺纹标准确定		
牙顶间隙		a_c	P/mm	1.5 ~ 5	6 ~ 12	14 ~ 44
			a_c/mm	0.25	0.5	1
外螺纹	大径	d	公称直径		
	中径	d_2	$d_2 = d - 0.5P$		
	小径	d_3	$d_3 = d - 2h_3$		
	牙高	h_3	$h_3 = 0.5P + a_c$		
内螺纹	大径	D_4	$D_4 = d + 2a_c$		
	中径	D_2	$D_2 = d_2$		
	小径	D_1	$D_1 = d - P$		
	牙高	H_4	$H_4 = h_3$		
牙顶宽		f, f'	$f = f' = 0.366P$		
牙槽底宽		W, W'	$W = W' = 0.366P - 0.536a_c$		

2) 梯形螺纹中径的测量

梯形螺纹的中径在梯形螺纹工作过程中起着非常重要的作用,因此,在加工梯形螺纹时对

其尺寸保证就显得非常重要。对梯形螺纹中径的测量一般采用三针测量法和单针测量法。

（1）三针测量法

用三针测量螺纹中径的方法，称为三针测量法。测量时，在螺纹凹槽内放置具有同样直径 d_D 的 3 根量针，如图 3-2-3 所示；用适当的量具（如公法线千分尺等）来测量尺寸 M（见图 3-2-4）的大小，以验证所加工的螺纹中径是否正确。三针测量时，M 值和中径 d_2 的计算公式见表 3-2-9。

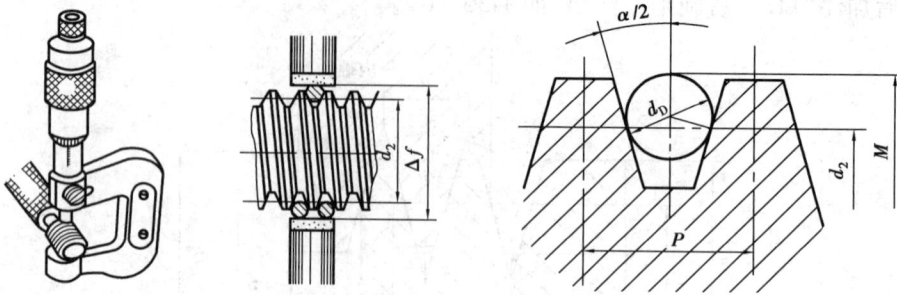

图 3-2-3　三针测量法

表 3-2-9　三针测量螺纹时，M 值和中径 d_2 的计算公式

	牙型角	M 值计算公式	量针直径		
			最大值	最佳值	最小值
梯形螺纹	30°	$M = d_2 + 4.864d_D - 1.866P$	$0.656P$	$0.518P$	$0.486P$

三针量法检测梯形螺纹的测量步骤如下：

①根据图纸中梯形螺纹的 M 值选择合适规格的公法线千分尺。

②擦净零件的被测表面和量具的测量面，按图示将 3 针放入螺旋槽中，用公法线千分尺测量值记录读数。

③重复步骤②，在螺纹的不同截面、不同方向多次测量，逐次记录数据。

④判断零件的合格性。

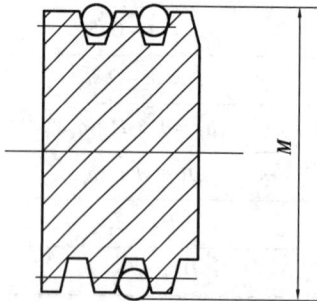

图 3-2-4　三针测量法检测零件

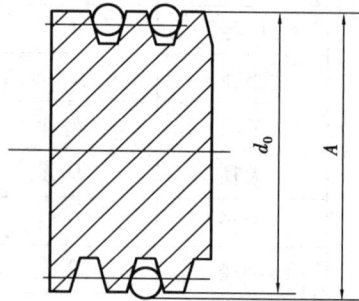

图 3-2-5　单针测量法

（2）单针测量法

采用单针测量的方法，其特点是只需用一根量针，另一侧利用螺纹大径作基准（见图 3-2-5），用千分尺测出螺纹大径与量针顶点之间的距离 A。但是，在测量之前首先精确测出螺纹大径的实际尺寸 d_0，千分尺的读数值 A 可计算为

$$A = \frac{M + d_0}{2}$$

式中 d_0——螺纹大径的实际尺寸；

　　　M——用三针测量时的千分尺读数。

3) 相关功能指令

螺纹复合循环指令(G76)如下：

指令格式：

G76   P(m)(r)(a)   Q(Δdmin)   R(d)；

G76   X(U)__   Z(W)__   R(i)   P(k)   Q(Δd)   F(L)；

其中：

m——精加工重复次数，可以 01～99 次，用两位数表示；

r——螺纹尾部倒角量(斜向退刀)，其值的大小可设置为(0.0～9.9)L,系数应为 0.1 的整倍数，用 00～99 的两位整数表示，其中 L 为导程；

a——刀尖角(螺纹牙型角)。可选择 80°,60°,55°,30°,29°,0°这 6 种中的一种，用两位整数表示；

Δdmin——切削时的最小背吃刀量(半径值)，单位：mm，当切削深度小于该极限值时，背吃刀量锁定在该值；

d——精加工余量，半径值，单位：mm；

X(U)、Z(W)——终点坐标；

i——螺纹部分半径差，单位：μm；

k——螺纹的牙深，用半径值指定，单位：μm；

Δd——第一次切深，半径值，单位：μm；

L——螺纹导程，单位：mm。

指令说明：

G76 指令是斜进式切削，因为单侧刃加工，刀具负载较小，排屑容易，并且切削深度为递减式，故一般用在大螺距螺纹加工。G76 指令的进刀路线和吃刀分配如图 3-2-6 所示。

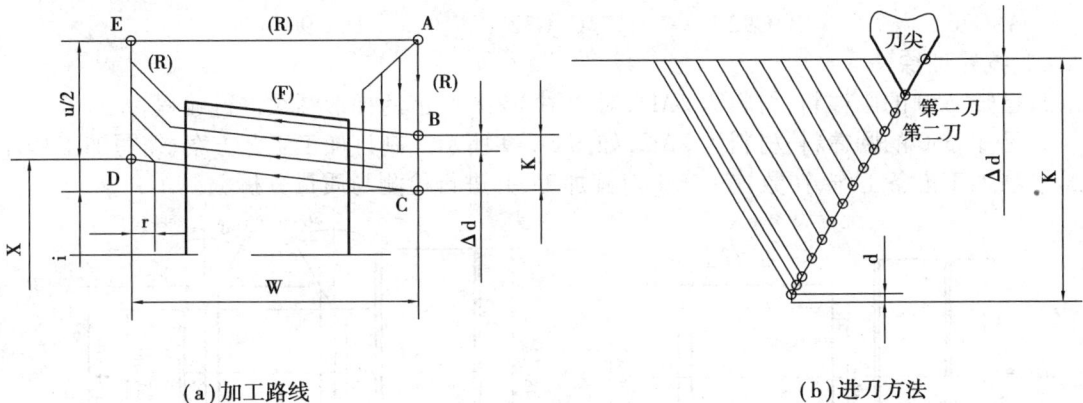

(a)加工路线

(b)进刀方法

图 3-2-6   G76 指令走刀路线

编程实例：已知毛坯为 $\phi45$ mm 的圆棒料，采用 G76 指令对图 3-2-7 进行螺纹程序编制。

参考程序如下：

…

G00   X35   Z6；

G76   P021060   Q100   R0.1；

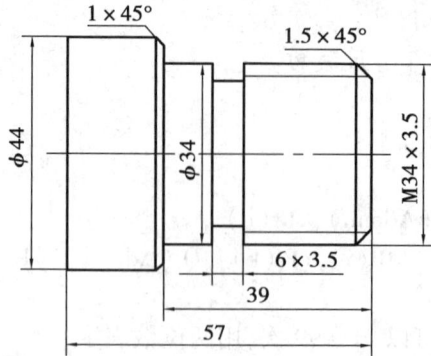

图 3-2-7 G76 螺纹加工实例

G76 X29.45 Z－27 P2275 Q1300 F3.5;

…

拓展训练

一、理论训练

1. 试计算梯形螺纹 Tr36×6-7e 的小径、中径及牙型高度,并写出计算过程。

2. 用三针测量法对梯形螺纹 Tr40×7 进行测量,使用 ϕ3.5 mm 的量针,试计算千分尺的读数 M 值;如果在加工过程中测得螺纹大径的实际尺寸为 ϕ39.83 mm,求单针测量时千分尺的读数 A 值。

3. 写出 G76 指令的指令格式及参数含义,并绘制其走刀路线。

4. 需要多次自动循环的螺纹加工,应选择(   )指令。

　　A. G76　　　　　　B. G92　　　　　　C. G32　　　　　　D. G33

5. 下列(   )不是螺纹加工指令。

　　A. G76　　　　　　B. G92　　　　　　C. G32　　　　　　D. G90

二、技能训练

1. 已知 ϕ50 的圆棒料,材料为 2Al2,对如图 3-2-8 所示的梯形螺纹进行编程。

2. 已知 ϕ50 的圆棒料,材料为 2Al2,如图 3-2-9 所示。制订加工工艺方案,编写加工程序,完成各项加工准备工作,在数控车床上对其加工,并进行检测与质量分析。

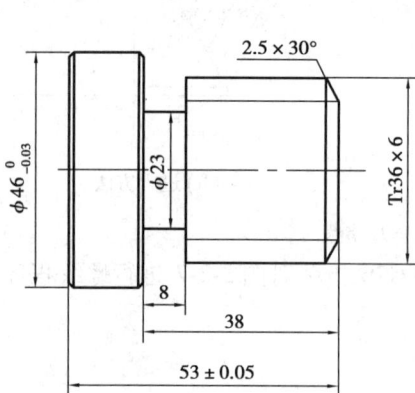

图 3-2-8 零件图(一)

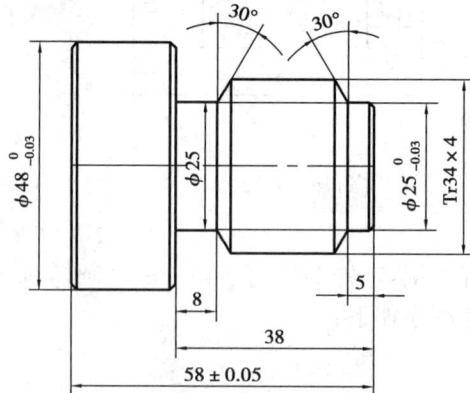

图 3-2-9 零件图(二)

工作任务 4
数控车削盘套类零件

盘套类零件是在数控车床上加工的典型零件。它一般涉及端面、外圆、内孔（通孔和盲孔）、外径沟槽、内径沟槽、端面沟槽、内螺纹、倒角修饰等加工要素。本工作任务设置了 3 个子任务，每个子任务又是一项完整的工作，旨在训练学生在完成一项工作时所遵循的过程与步骤。子任务主要有数控车削台阶孔、数控车削螺纹套和数控车削端盖。

子任务 4.1 数控车削台阶孔

任务描述

本任务为台阶孔零件，主要涉及外圆、内孔、内锥、倒角等加工内容。工件毛坯为 $\phi50$ mm 的棒料，材料为 2Al2，如图 4-1-1 所示。根据零件图纸要求，选择合适的刀具，规划合理的刀具路线，编制加工程序，对零件进行仿真加工和实际加工，并对任务进行检测评价。

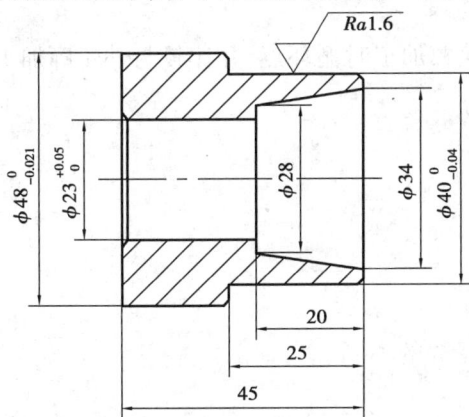

（a）零件图

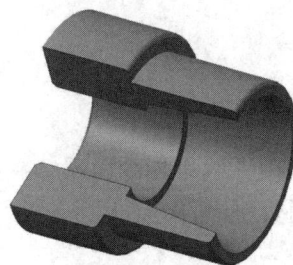

（b）实体图

图 4-1-1 台阶孔

117

任务目标

1. 会对内孔可转位刀片进行识别,并根据图纸正确选择内孔可转位车刀。
2. 能根据图纸正确选择内孔测量工具,并正确进行测量。
3. 知道 G71 指令对内孔、外径编程的不同,并能正确使用该指令对内孔进行编程。
4. 能对内孔加工时换刀点与起刀点进行正确确定。

任务引导

1)图纸引导

零件主要由_____、_____和_____组成。如何对左端的内孔进行倒角:_____。

2)刀具引导

查阅相关资料,解释数控可转位内圆车刀刀杆型号中各代号字母的含义:S40T-MCUNR/L16。

3)装夹方案引导

根据毛坯和台阶孔零件的特点,画出装夹方案及工件原点简图。

4)加工路线引导

对内轮廓采用循环指令编程加工,画出内轮廓加工时循环点,并比较与外轮廓加工时循环点设置的不同。

5)台阶孔编程指令引导

查阅资料,写出 G71 指令编写内轮廓与外轮廓的不同。

任务实施

1）刀具调整卡

根据图纸要求，填写台阶孔刀具调整卡，见表 4-1-1。

表 4-1-1 台阶孔刀具调整卡

任务名称		台阶孔		零件图号		4-1-1
序号	刀具号	刀具名称	刀具型号	加工表面	数量	备注
1	T0101	外圆车刀	MWLNR2020K08	外圆面、端面	1	
2	T0202	切槽车刀	ZPED0302-MG	切断	1	
3	T0303	内孔车刀	S20R-MTUNR/L16	内孔、内锥	1	
编制		审核		批准		

2）数控加工工序卡

根据图纸要求，填写台阶孔加工工序卡，见表 4-1-2。

表 4-1-2 台阶孔加工工序卡

任务名称	台阶孔	零件图号		4-1-1	机床型号		CK6132
程序编号	4101	材　料		2Al2	夹具名称		三爪卡盘

第 1 次装夹　　　第 2 次装夹

工序	工步	工步内容	切削用量			G 指令	刀具编号	量具
			n /(r·min⁻¹)	f /(mm·min⁻¹)	a_p /mm			
1	1	粗车外圆、端面	500	150	1	G71	T0101	游标卡尺
	2	精车外圆、端面	1 000	80	0.5	G70	T0101	千分尺
2	3	粗车内孔、内锥	500	100	1	G71	T0303	游标卡尺
	4	精车内孔、内锥	800	80	0.5	G70	T0303	内径百分表
	5	切断	400	60	3	G01	T0202	千分尺
	编制		审核			批准		

3) 数控加工参考程序

根据图纸分析,编制零件加工程序,见表4-1-3。

表4-1-3 台阶孔加工程序

图 号	4-1-1	零件名称	台阶孔	编制日期	
程序名	4101	工 位		负责人	

根据参考程序,绘制刀具运动轨迹简图(可用不同的颜色表示)

程序内容	程序说明
O4101;	
G98;	
T0101;	
M03　S500;	
G00　X52　Z2;	
G71　U1　R0.5;	
G71　P1　Q2　U0.5　W0.05　F150;	
N1　G00　X18;	
G01　Z0　F80;	
X38;	
X40　Z-1;	
Z-25;	
X46;	
X48　Z-1;	
Z-50;	
N2　X52;	
G00　X100　Z100;	

续表

程序内容	程序说明
M5；	
T0101；	
S1000　M3；	
G00　X52　Z2；	
G70　P1Q2；	
G00　X100　Z100；	
M5；	
T0303；	
M03　S500；	
G00　X20　Z2；	
G71　U1　R0.5；	
G71　P3　Q4　U−0.5　W0　F100；	
N3　G00　X34；	
G01　Z0　F80；	
X28　Z−20；	
X23；	
Z−50；	
N4　X20；	
M03　S800；	
T0303；	
G00　X20　Z2；	
G70　P3　Q4；	
G00　X100　Z100；	
M05；	
T0202；	
M03　S400；	
G00　X50　Z2；	
Z−48；	
G01　X35　F60；	
X38；	
X20；	

续表

程序内容	程序说明
G00　X52；	
Z100；	
M05；	
M30；	

4) 模拟加工

①打开仿真软件,回机床参考点。

②输入程序并进行调试。

③根据图纸和程序的要求,安装刀具及工件。

④试切法对刀。

⑤仿真加工。在仿真加工过程中,对加工中出现的程序问题进行修改、优化,以确保在实际加工中程序的正确性。

5) 实际加工

按照表 4-1-4 的操作引导,对台阶孔进行加工。

表 4-1-4　台阶孔加工操作引导流程表

操作项目	操作步骤	操作要点	备　注
开　机	打开机床电源→打开系统电源→取消急停→复位→机床 X 轴回零→机床 Z 轴回零	机床在回零时要先回 X 轴,再回 Z 轴	
装夹工件	根据工件直径调整卡爪→装夹工件	注意夹紧力大小合适,毛坯伸出长度为 55 mm	
装夹刀具	1 号刀位安装外圆车刀→2 号刀位安装切断刀→3 号刀位内孔车刀	外圆车刀在安装时注意装夹刀具对角度的影响;切断刀主切削刃与工件轴线平行,内孔刀具安装注意刀杆伸出长度	
输入程序	输入程序名→输入程序	程序名不能重复,程序输入要细心	
程序调试	锁定机床→调出程序→模拟仿真→找出问题→修改程序	注意刀路轨迹与编程轮廓是否一致,切削用量是否合理	
试切对刀	试切工件端面→输入 Z 值坐标→试切工件外圆→输入 X 值坐标	通过 MDI 方式进行调刀、验刀,检查刀具位置与坐标显示是否一致	
自动加工	选择自动加工模式→单段模式→按循环启动	将快速倍率旋钮调至最低,注意观察实际刀具位置与编程位置是否一致。发现加工异常,按"进给保持"键,并进行处理	

续表

操作项目	操作步骤	操作要点	备　注
尺寸控制	暂停→尺寸测量→刀具补偿→再加工	注意尺寸测量的正确性,刀具补偿值及位置输入的正确性	
检查取下	测量工件→卸下工件	注意工件轻拿、轻放	
机床维护与保养	清扫卫生→保养机床	机床保养到位	

任务评价

完成零件的加工后,对零件进行清洗和去毛刺工作,并对其测量,再将测量结果填入表4-1-5中。

表 4-1-5　台阶孔检测评分表

序号	项　目	检测内容	配分	评分标准	评价方式		
					自评	互评	师评
1	直径	$\phi 48_{-0.021}^{0}$	7	超差不得分			
2		$\phi 40_{-0.04}^{0}$	7	超差不得分			
3	内孔	$\phi 23_{0}^{+0.05}$	9	超差不得分			
4		$\phi 34,\phi 28$	4	超差不得分			
5		内锥表面	8	超差不得分			
6	长度	45,25,20	3	超差不得分			
7	倒角	$1 \times 45°$	2	超差不得分			
8	表面质量	表面粗糙度 $Ra1.6\ \mu m$	4	降级不得分			
9		表面粗糙度 $Ra3.2\ \mu m$	6	降级不得分			
10	职业素养	安全操作	20	安全文明生产			
11		工量具使用	15	正确使用			
12		机床保养	15	保养合格			
合计(总分)			100				

任务总结

通过本零件的加工,你对学习及加工过程有何体会,请进行总结,并填入表4-1-6中。

表 4-1-6　台阶孔加工总结表

引导性问题	体会与感悟
完成本任务最成功之处	
完成本任务最失败之处	
你认为本次任务的难点	
改进方法及措施	

知识解析

1) 套类零件的加工工艺

套类工件的加工工艺主要是指内轮廓的加工工艺。内轮廓的加工比车削外轮廓要困难得多,它有以下特点:

①内孔加工时在内部进行,无法观察到刀具的切削情况,特别是小孔、深孔加工表现更为突出。

②内孔车刀刀柄受孔径和孔深的限制,在选择刀具时,刀柄不能选得太粗和太短,否则刀具的刚性就会受到影响,在加工过程中就会出现振动现象。

③内孔的测量与外圆相比更为困难。

④内孔加工时冷却和排屑更为困难。

2) 内孔可转位车刀及刀具装夹

(1)可转位内孔车刀的型号表示规则

可转位内孔车刀的型号由规定顺序排列的一组字母和数字组成,共有 10 位代号(见图 4-1-2),分别表示其各项特征。

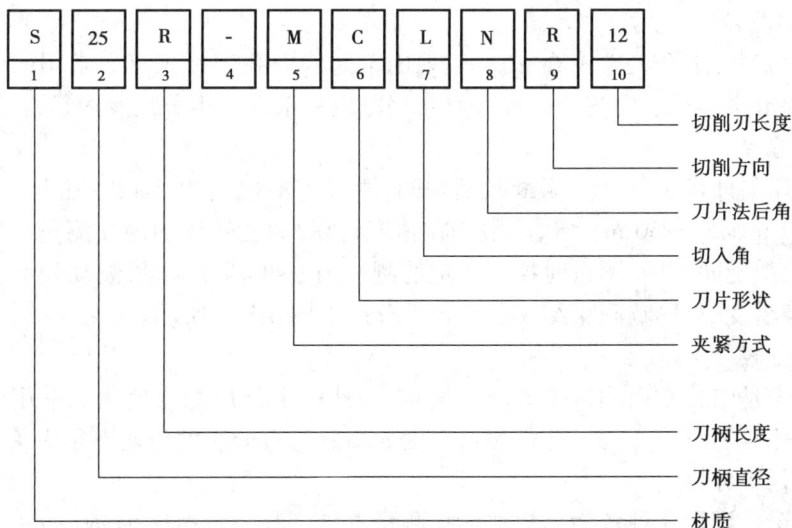

图 4-1-2　可转位内孔车刀的型号

（2）可转位内孔车刀的选用

内孔刀具根据图纸选择 STUCR/L 系列内孔可转位刀具。其外形如图 4-1-3 所示。刀具供应商提供的型号见表 4-1-7。因工件内孔最小直径为 $\phi 26$ mm，故应选择型号为 S20R-MTUNR/L16 的可转位内孔车刀。

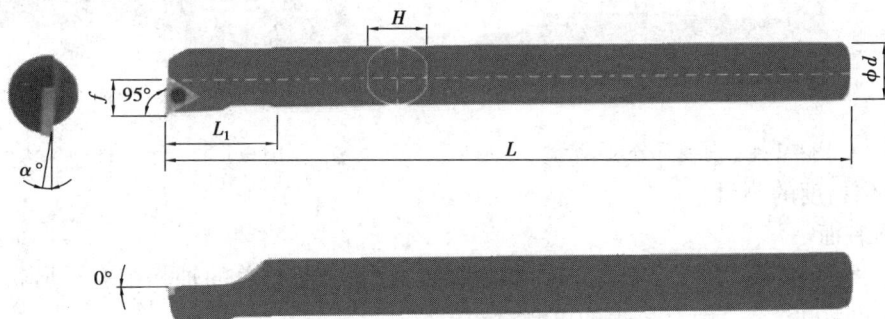

图 4-1-3　可转位内孔车刀外形图

表 4-1-7　可转位内孔车刀刀杆型号

型　号	刀　片	规　格							螺　钉	扳　手
		加工孔径	ϕd	f	L	L_1	H	$\alpha°$		
S10K-STUCR/L11	TN□□1604 □□	13.5	10	6	125	24	9	15°	M2.5×6	T8
S12M-STUCR/L11		16	12	7	150	27	11	10°		
S16Q-STUCR/L11		20	16	9	180	30	15	8°		
S20R-STUCR/L11		25	20	11	200	35	19	6°		

3）套类零件的测量

套类零件的测量主要包括孔径的测量和形位精度的测量。

（1）孔径的测量

根据工件精度要求和工件轮廓形状，可采用不同的内孔测量工具。常用的内孔测量工具有游标卡尺、内卡钳、塞规、内测千分尺、内径千分尺、三爪内径千分尺及内径百分表等。

①内径千分尺

内径千分尺与外径千分尺的测量原理相同，测量范围也是 25 mm 一个挡，不同的是一般为 5 mm，5～30 mm，25～50 mm 等，一般用在精度较高，深度较浅的内孔测量。使用方法与外径千分尺相似，但旋向不同，测量时控制一定的测量力，否则测量结果波动较大。其缺点是测头刚性较差，容易变形，影响测量结果。内径千分尺如图 4-1-4 所示。

②内径百分表

内径百分表是内孔常用测量工具。测量时，与外径千分尺配合使用。采用内径百分表测量内孔是一种比较的测量方法。孔径测量精度的高低与百分表的校对有很大关系。

③三爪内径千分尺

三爪内径千分尺是一种较为理想的内孔测量工具。其测量范围为 $\phi6\sim\phi100$ mm，特别适合于测量精度较高、测量深度较深且孔径大小频繁变化的孔径。测量时，3 个测爪在很小的幅度内摆动，能自动定位孔径的直径位置，千分尺的读数即为孔径的实际尺寸。三爪内径千分尺如图 4-1-5 所示。

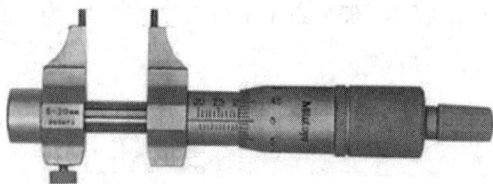

图 4-1-4　内径千分尺　　　　图 4-1-5　三爪内径千分尺

（2）形位精度的测量

①内圆表面

套类零件的内圆表面一般起支承和导向作用，通常与运动着的轴相配合。形状精度主要保证圆度和圆柱度，一般用百分表即可测量。

②位置精度

内外圆之间的同轴度是套类零件最主要的相互位置精度。测量时，可采用心轴和百分表配合测量。

4）内孔编程知识

（1）起刀点的确定

在加工内孔时，要特别注意刀具的走向，否则很容易造成撞刀事故。起刀点的选择一定要考虑车孔前的底孔大小和内孔刀柄的大小，以两者不发生干涉为原则。当然，通孔和盲孔的起刀点也有所不同，如图 4-1-6 所示。

（2）换刀点的确定

由于孔径本身的特点，内孔车刀刀柄一般伸出较长，因此在换刀时，刀具与工件要有足够的空间，以免在换刀时刀具与工件相撞，特别注意刀具在加工完内孔时刀具的走刀路线。正确的走刀路线是刀具先沿 Z 向完全退出工件，再使 X 轴返回到换刀点，否则刀柄将与工件相撞，如图 4-1-7 所示。

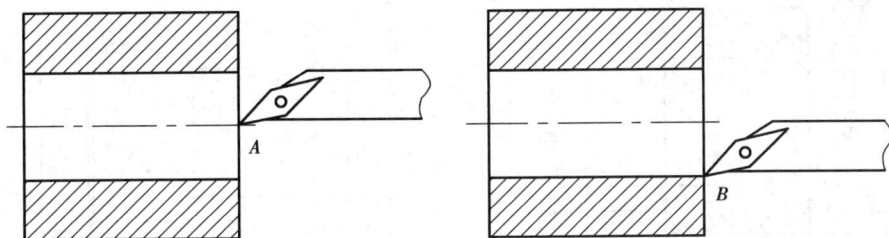

图 4-1-6 起刀点的确定

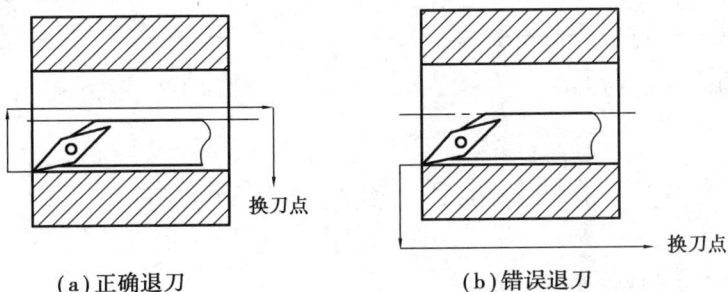

（a）正确退刀   （b）错误退刀

图 4-1-7 换刀点的确定

（3）G71 指令加工内孔的注意事项

①使用 G71 时，零件沿 X 轴的内孔尺寸必须单调递增或单调递减，即具有单调性。

②使用 G71 指令车削内孔时，精加工余量为负值。

③循环点的设置要特别注意车孔前的底孔直径，一般情况下循环点的 X 值比底孔小 1～2 mm。

拓展训练

一、理论训练

1. 解释可转位内孔车刀刀杆的型号：S10K-STUCR/L11。

2. 内轮廓加工与外轮廓加工相比，总结其加工特点。

3. 简述内孔的主要测量方法。

4. 使用 G71 指令加工内孔时，在程序段 G71 P（ns） Q（nf） U（Δu） W（Δw）F（f） S（s） T（t）中，参数 U（Δu）的值为（   ）。

   A. 正值   B. 负值   C. 可正可负   D. 没有关系

5. 在使用 G71 指令加工内孔时，刀具的循环点应设在（   ）mm。

   A. 比底孔小 1～2   B. 比底孔大 1～2

   C. 比外圆小 1～2   D. 比外圆大 1～2

二、技能训练

1. 已知 ϕ50 的圆棒料，材料为 2Al2，对如图 4-1-8 所示的内孔进行编程。

2. 已知 ϕ50 的圆棒料，材料为 2Al2，如图 4-1-9 所示。制订加工工艺方案，编写加工程序，完成各项加工准备工作，在数控车床上对其加工，并进行检测与质量分析。

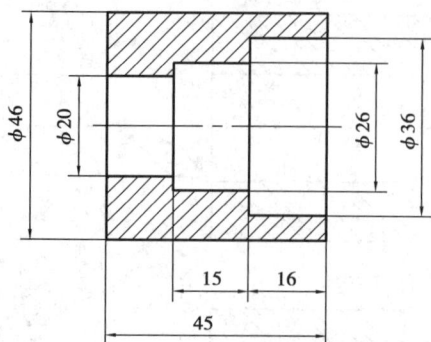

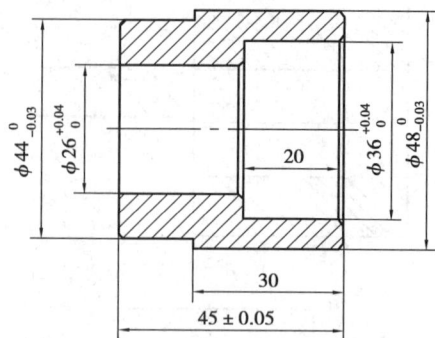

图 4-1-8　零件图（一）　　　　图 4-1-9　零件图（二）

子任务 4.2　数控车削螺纹套

任务描述

本任务为螺纹套零件，主要涉及外圆、内孔、内径沟槽、内螺纹、倒角、倒圆角等加工内容。工件毛坯为 φ50 mm 的棒料，材料为 2Al2，如图 4-2-1 所示。根据零件图纸要求，选择合适的刀具，规划合理的刀具路线，编制加工程序，对零件进行仿真加工和实际加工，并对任务进行检测评价。

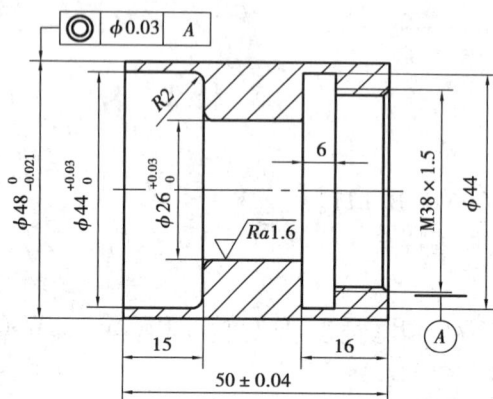

（a）零件图

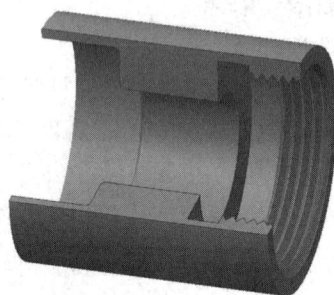

（b）实体图

图 4-2-1　螺纹套

任务目标

1. 能够正确对套类零件进行装夹。
2. 能确定内螺纹加工前的底孔孔径。
3. 会识别内沟槽可转位刀片的标注，能根据图纸正确选择内沟槽刀具。
4. 能进行薄壁工件的加工。

任务引导

1) 图纸引导

螺纹套零件主要由 _____ 、_____ 、_____ 及 _____ 组成。对内螺纹的解释为：_____。对 ⌖ φ0.03 A 的解释为：_____。

2) 刀具引导

根据螺纹套零件特点,指出完成零件的加工都需要用到哪些刀具,并画出刀具外形简图。

查阅相关资料,解释数控可转位内螺纹车刀型号中各代号字母的含义:SNR/L0020R16。

3) 装夹方案引导

为保证 ⌖ φ0.03 A 的形位精度要求,写出装夹方案。

4) 编程指令引导

内沟槽与外径沟槽在编程加工时,比较其循环点的不同,请画图表示。

任务实施

1) 刀具调整卡

根据图纸要求,填写螺纹套刀具调整卡,见表 4-2-1。

表 4-2-1　螺纹套刀具调整卡

任务名称		螺纹套		零件图号		4-2-1
序号	刀具号	刀具名称	刀具型号	加工表面	数量	备注
1	T0101	外圆车刀	MWLNR2020K08	外圆面、端面	1	
2	T0202	切断车刀	ZPED0302-MG	切断	1	
3	T0303	内孔车刀	S20R-MTUNR/L16	内孔	1	
4	T0404	内沟槽车刀	MGIVR/L3732-8	内沟槽	1	
5	T0505	三角形内螺纹车刀	SNR/L0032T22	内螺纹	1	
编制		审核		批准		

2) 数控加工工序卡

根据图纸要求,填写螺纹套加工工序卡,见表 4-2-2。

表 4-2-2　螺纹套加工工序卡

任务名称	螺纹套	零件图号	4-2-1	机床型号	CK6132
程序编号	4201,4202	材料	2Al2	夹具名称	三爪卡盘

工序简图

第 1 次装夹　　　第 2 次装夹

工序	工步	工步内容	切削用量			G 指令	刀具编号	量具
			n/(r·min⁻¹)	f/(mm·min⁻¹)	a_p/mm			
1	1	粗车外圆	500	150	1	G01	T0101	卡尺
	2	精车外圆	1 000	100	0.5	G01	T0101	千分尺
	3	粗车内圆	500	100	1	G71	T0303	卡尺
	4	精车内圆	800	80	0.5	G70	T0303	内径百分表

续表

| 工序 | 工步 | 工步内容 | 切削用量 | | | G 指令 | 刀具编号 | 量具 |
			n /(r·min^{-1})	f /(mm·min^{-1})	a_p /mm			
1	5	粗精车内沟槽	400	60	0.2	G75	T0404	
	6	粗精车内螺纹	600	1.5（mm/r）		G92	T0505	螺纹塞规
	7	切断	500	50	3	G01	T0202	卡尺
2	8	粗车内圆	500	100	1	G71	T0303	卡尺
	9	精车内圆	800	80	0.5	G70	T0303	内径百分表
	编制		审核			批准		

3) 数控加工参考程序

根据图纸分析,编制零件加工程序,见表 4-2-3 和表 4-2-4。

表 4-2-3　螺纹套加工程序(右端)

图　号	4-2-1	零件名称	螺纹套	编制日期	
程序名	O4201	工　位		负责人	

根据参考程序,绘制刀具运动轨迹简图(可用不同的颜色表示)

程序内容	程序说明
O4201;	
G98;	
T0101;	
M03　S500;	
G00　X52　Z2;	

续表

程序内容	程序说明
X20；	
G01　Z0　F150；	
X48.5；	
Z－55；	
X50；	
G00　Z2；	
S1000；	
G00　X20；	
G01　Z0　F100；	
X47；	
X48　Z－1；	
Z－55；	
G00　X100　Z100；	
M5；	
M00；	
T0303；	
M03　S500；	
G00　X20　Z2；	
G71　U1　R0.5；	
G71　P1　Q2　U－0.5　W0　F100；	
N1　G00　X39.5；	
G01　Z0　F80；	
X36.5　Z－1.5；	
Z－16；	
X26；	
Z－55；	
N2　X20；	
S800；	
G00　X20　Z2；	
G70　P1　Q2；	
G00　X100　Z100；	
M05；	

续表

程序内容	程序说明
M00;	
T0404;	
M03　S500;	
G00　X34　Z2;	
Z－15;	
G75　R0.5;	
G75　X44　Z－16　P1500　Q1500　F60;	
G00　Z2;	
X100　Z100;	
M05;	
M00;	
T0505;	
S600　M3;	
G99;	
G00　X35　Z6;	
G92　X37.3　Z－13　F1.5;	
X37.8;	
X37.9;	
X38;	
G00　X100　Z100;	
M05;	
T0202;	
M03　S500;	
G00　X52　Z－53.5;	
G01　X30　F50;	
G00　X32;	
G01　X25;	
G00　X52;	
X100　Z100;	
M05;	
M30;	

表 4-2-4　螺纹套加工程序（左端）

图　号	4-2-1	零件名称	螺纹套	编制日期	
程序名	O4202	工　位		负责人	

根据参考程序,绘制刀具运动轨迹简图(可用不同的颜色表示)

程序内容	程序说明
O4202；	
G98；	
T0303；	
M03　S500；	
G00　X20　Z2；	
G71　U1　R0.5；	
G71　P3　Q4　U-0.5　W0　F100；	
N3　G0　X44；	
G01　Z0　F80；	
Z-13；	
G03　X40　Z-15　R2；	
G01　X30；	
G02　X26　W-2　R2；	
N4　G01　X20；	
T0303；	
S800　M03；	
G00　X20　Z2；	
G70　P3　Q4；	
G00　X100　Z100；	
M05；	
M30；	

4）模拟加工

①打开仿真软件,回机床参考点。

②输入程序并进行调试。

③根据图纸和程序的要求,安装刀具及工件。

④进行对刀。

⑤仿真加工。在仿真加工过程中,对加工中出现的程序问题进行修改,以确保在实际加工中程序的正确性。

5）实际加工

按照表 4-2-5 的操作引导,对螺纹套进行加工。

表 4-2-5　螺纹套加工操作引导流程表

操作项目	操作步骤	操作要点	备　注
开机	打开机床电源→打开系统按钮→复位→机床 X 轴回零→机床 Z 轴回零	机床在回零时要先回 X 轴,再回 Z 轴	
装夹工件	根据工件直径调整卡爪→装夹工件→夹紧工件	注意夹紧力大小合适,注意毛坯伸出长度与工件长度相匹配	
装夹刀具	1 号刀位安装外圆车刀→2 号刀位安装切断刀→3 号刀为内孔车刀→4 号刀为内沟槽车刀→5 号刀为内螺纹车刀	外圆车刀在安装时注意装夹刀具对刀具角度的影响;切断刀主切削刃与工件轴线平行,内孔刀安装时刀尖与主轴轴线等高,内螺纹车刀刀尖与主轴轴线等高,两条主切削刃对称	
输入程序	输入程序名→输入程序	程序名不能重复,程序输入要细心	
程序调试	锁定机床→调出程序→模拟仿真→找出问题→修改程序	注意刀路轨迹与编程轮廓是否一致,切削用量是否合理	
试切对刀	试切工件端面→输入 Z 值坐标→试切工件外圆→输入 X 值坐标	通过 MDI 方式进行调刀、验刀,检查刀具位置与坐标显示是否一致	
自动加工	选择自动加工模式→单段模式→按循环启动	将快速倍率旋钮调至最低,注意观察实际刀具位置与编程位置是否一致。发现加工异常,按"进给保持"键,进行处理	
尺寸控制	暂停→尺寸测量→刀具补偿→再加工	注意尺寸测量的正确性,刀具补偿值及位置输入的正确性	
检查取下	测量工件→卸下工件	注意工件轻拿、轻放	
机床维护与保养	清扫卫生→保养机床	机床保养到位	

任务评价

完成零件的加工后,对零件进行清洗和去毛刺工作,并对其测量,再将测量结果填入表4-2-6中。

表4-2-6　螺纹套检测评分表

序　号	项　目	检测内容	配　分	评分标准	评价方式		
					自评	互评	师评
1	直径	$\phi 48_{-0.021}^{0}$	5	超差不得分			
2	内孔	$\phi 44_{0}^{+0.03}$	8	超差不得分			
3		$\phi 26_{0}^{+0.03}$	8	超差不得分			
4	内沟槽	$\phi 44 \times 6$	4	超差不得分			
5	长度	55 ± 0.04	8	超差不得分			
6		15,16	2	超差不得分			
7	内螺纹	$M38 \times 1.5$	12	超差不得分			
8	倒角	$1.5 \times 45°$	2	超差不得分			
9	倒圆	$R2$（两处）	3	超差不得分			
10	位置精度	◎ $\phi 0.03$ A	12	超差不得分			
11	表面质量	表面粗糙度 $Ra1.6\ \mu m$	2	降级不得分			
12		表面粗糙度 $Ra3.2\ \mu m$	2	降级不得分			
13	职业素养	安全操作	12	安全文明生产			
14		工量具使用	10	正确使用			
15		机床保养	10	保养合格			
合计（总分）			100				

任务总结

通过本零件的加工,你对学习及加工过程有何体会,请进行总结,并填入表4-2-7中。

表4-2-7　螺纹套加工总结表

引导性问题	体会与感悟
完成本任务最成功之处	

续表

引导性问题	体会与感悟
完成本任务最失败之处	
你认为本次任务的难点	
改进方法及措施	

知识解析

1) 套类工件的装夹

套类工件是机械零件中精度要求较高的工件之一。其主要加工表面包括外圆、内孔、阶台、沟槽、螺纹、端面等。通常外表面和内表面不仅有较高的尺寸精度要求，还有较高的形位精度要求。要保证形位精度要求，常用的装夹方法如下：

（1）以外圆为基准进行装夹

对于外径尺寸很大、内径尺寸较小、定位长度较短的工件，在加工时多选择以外圆为基准进行装夹来保证形位精度的要求。此种方法多采用软爪装夹工件，也可根据工件的特殊形状制作相应的软爪。

（2）以内孔为基准进行装夹

对小型的轴套、带轮、齿轮和外径不适合装夹的工件，一般可用加工好的内轮廓作为定位基准，与内孔配置相适应的心轴，再来进行外轮廓的加工。常用的心轴有实体心轴（锥度心轴）、胀力心轴、螺纹心轴等，如图 4-2-2 所示。

2) 薄壁工件的加工

（1）薄壁工件的特点

①工件壁厚较薄，在径向夹紧力的作用下极易产生变形，影响工件尺寸和形位精度。

②因工件壁厚较薄，故切削热易引起工件热变形，使工件尺寸难以保证。

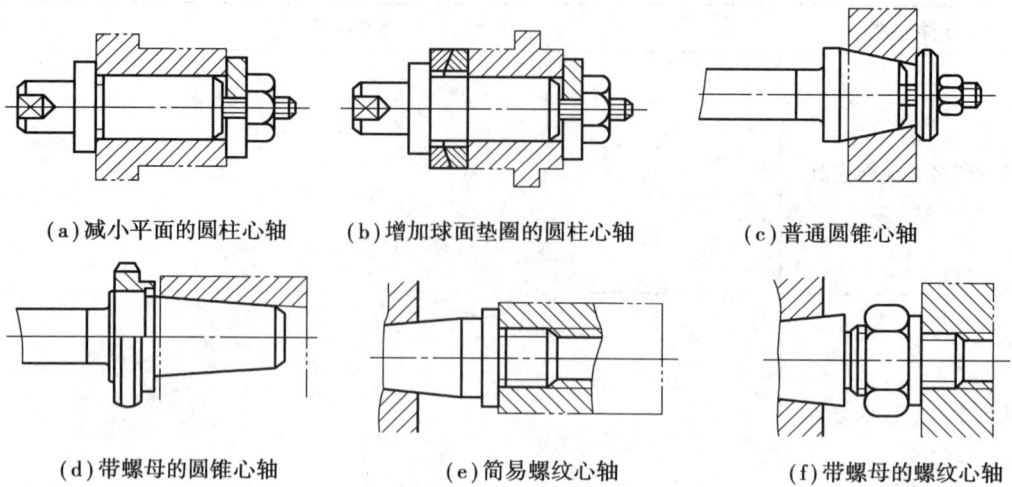

(a)减小平面的圆柱心轴　(b)增加球面垫圈的圆柱心轴　(c)普通圆锥心轴

(d)带螺母的圆锥心轴　(e)简易螺纹心轴　(f)带螺母的螺纹心轴

图4-2-2　常用心轴

③因工件壁厚较薄,故在切削径向力作用下,工件极易产生振动和变形,这种振动和变形将影响工件尺寸、表面质量、形位精度,甚至使加工无法进行。

（2）防止薄壁工件变形的方法

①在装夹方面,变径向装夹为轴向装夹,使夹紧力尽量不作用在工件的径向方向,以减少工件的壁厚变形。

②选择合理的刀具参数,并且使刀具锋利。

③在对薄壁工件进行加工时,根据具体情况分粗加工、半精加工和精加工等阶段。

④因工件形状要求,必须采用径向装夹时,应采用特制的夹紧装置,如开缝套筒、软卡爪等,以增加径向装夹的接触面积。

3）内螺纹车刀的选用

根据图纸选择 SNR/L 系列内螺纹可转位刀具,外形如图 4-2-3 所示。由于工件内螺纹的公称直径为 $\phi38$ mm,根据刀具供应商提供的型号见表 4-2-8。因此,选择型号为 SNR/L0032T22 的可转位内螺纹车刀。

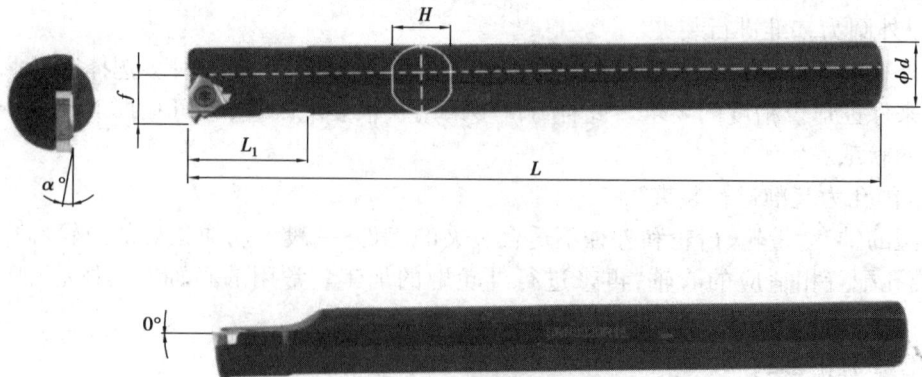

图4-2-3　可转位内螺纹车刀外形图

表 4-2-8 可转位内螺纹车刀刀杆型号

型 号	刀 片	规 格						刀 垫	螺 钉	侧螺钉	扳 手
		加工孔径	ϕd	f	L	L_1	H				
SNR/L0025S22	22NR/L□ □	31	25	18	250	32	23.4	STM22T3R STM22T3L	M4.5×14	M3×8C	T20 T15
SNR/L0032T22		38	32	21.5	300	38	30				
SNR/L0040T22		46	40	25.5	300	42	38				
SNR/L0050T22		56	50	30.5	350	50	48				
HSNR/L0010K10	11NR/L□ □	12	10	7.2	125	18	9		M2.5×6		T8
HSNR/L0012M11		15	12	8.7	150	18	11				

4) 内沟槽车刀的选用

根据图纸特点选择 MGIVR/L 系列可转位内沟槽刀具,外形如图 4-2-4 所示。由于内孔直径的限制,刀具供应商提供的型号见表 4-2-9。因此,选择型号为 MGIVR3125-3 的可转位内孔槽车刀。

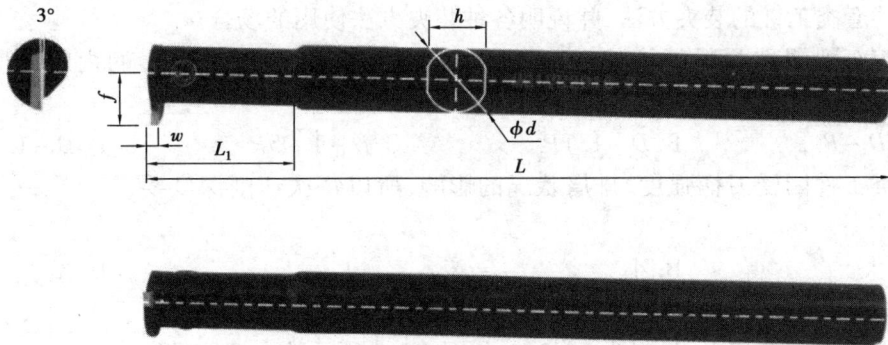

图 4-2-4 可转位内沟槽车刀外形图

表 4-2-9 可转位内沟槽车刀刀杆型号

型 号	刀 片	规 格						螺 钉	扳 手
		W	ϕd	f	L	L_1	h		
MGIVR/L2520-3	MGMN300 MRMN300	3	20	15.6	200	28	18.4	M5×20	L4
MGIVR/L3125-3		3	25	18.9	250	28	23.4		
MGIVR/L3732-3		3	32	21.5	180	28	30		
MGIVR/L2520-4	11NR/L□□	4	20	15.6	200	28	18.4	M5×20	L4
MGIVR/L3125-4		4	25	18.9	250	28	23.4		
MGIVR/L3732-4		4	32	21.5	180	28	30		

5）内螺纹加工前孔径的确定

在加工三角形内螺纹时,由于受刀具切削时的挤压作用,内孔直径会缩小,在车削塑性金属时尤为明显。因此,车削内螺纹前的孔径 D 孔应比内螺纹小径的基本尺寸略大些。车削普通三角形内螺纹前的孔径可用下列计算公式计算:

车削塑性金属的内螺纹

$$D_{孔} \approx D - P$$

车削脆性金属的内螺纹

$$D_{孔} \approx D - 1.05P$$

式中 D 孔——车内螺纹前的孔径;

D——内螺纹的大径;

P——螺距。

拓展训练

一、理论训练

1. 简述薄壁工件的加工特点。

2. 简述采用 G75 指令加工外径沟槽与内径沟槽的不同。

3. 简述套类工件的装夹方法,并说明各种装夹方法使用的场合。

4. 数控车削塑性材料的内螺纹时 D 孔为（   ），车削脆性金属的内螺纹时 D 孔为（   ）。

    A. $D - P$ B. $D - 1.1P$ C. $D - 1.05P$ D. $D - 1.2P$

5. 套类工件因受刀柄强度、排屑状况的影响,所以每次切削深度要（   ）一点,进给要（   ）一点。

    A. 大   B. 小   C. 快   D. 慢

二、技能训练

1. 已知 $\phi50$ 的圆棒料,材料为 2Al2,对如图 4-2-5 所示的内螺纹进行编程。

2. 已知 $\phi50$ 的圆棒料,材料为 2Al2,如图 4-2-6 所示。制订加工工艺方案,编写加工程序,完成各项加工准备工作,在数控车床上对其加工,并进行检测与质量分析。

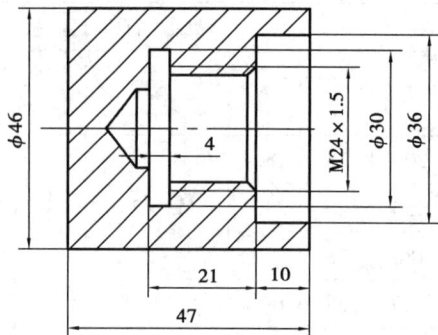

图 4-2-5 零件图（一）

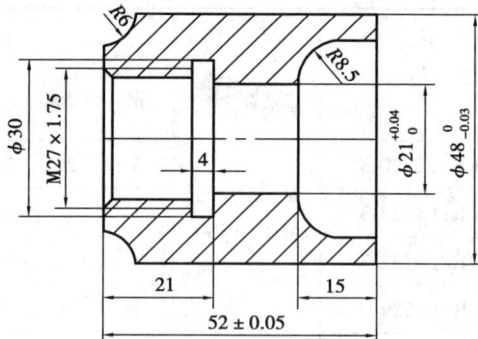

图 4-2-6 零件图（二）

子任务 4.3　数控车削端盖

📖 任务描述

本任务为端盖零件,主要涉及外圆、端面、平底孔、端面槽等加工内容。工件毛坯为 $\phi 50$ mm的棒料,材料为 2Al2,如图 4-3-1 所示。根据零件图纸要求,选择合适的刀具,规划合理的刀具路线,编制加工程序,对零件进行仿真加工和实际加工,并对任务进行检测评价。

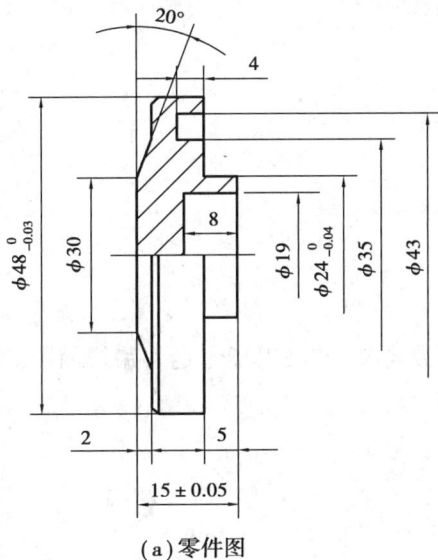

(a)零件图

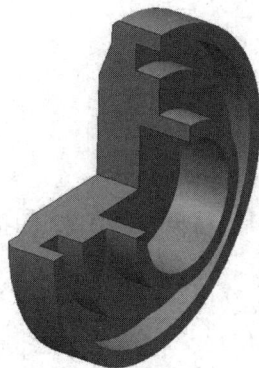

(b)实体图

图 4-3-1　端盖

👤 任务目标

1. 能对盘类工件进行装夹。
2. 能根据图纸正确选择可转位端面槽刀。
3. 能理解 G74,G72 指令的编程格式及参数含义,能使用该指令进行正确编程。
4. 能正确对平底孔进行加工。

🧠 任务引导

1)刀具引导

对该零件的端面槽进行加工,要用到端面槽刀,比较端面槽刀与外径槽刀的不同,并画出简图。

2) 装夹方案引导

试比较轴类零件与盘类零件装夹的不同。

3) 加工工艺引导

简述平底孔的加工方法。

4) 编程指令引导

查阅资料,写出 G74,G72 的指令格式及参数含义,并画出指令走刀路线简图。

任务实施

1) 刀具调整卡

根据图纸要求,填写端盖零件刀具调整卡,见表 4-3-1。

表 4-3-1 端盖刀具调整卡

任务名称		端　盖		零件图号		4-3-1
序号	刀具号	刀具名称	刀具型号	加工表面	数量	备注
1	T0101	外圆车刀	MWLNR2020K08	外圆面、端面	1	
2	T0202	切断刀	ZPED0302-MG	切断	1	
3	T0303	端面槽刀	TJFR20-36/60-WD22-3	端面槽	1	
4	T0404	内孔刀	S12M-STUCR/L11	内孔	1	
编制		审核			批准	

2）数控加工工序卡

根据图纸要求,填写端盖零件加工工序卡,见表 4-3-2。

表 4-3-2　端盖加工工序卡

任务名称	端　盖	零件图号	4-3-1	机床型号	CK6132
程序编号	4301,4302	材　料	2Al2	夹具名称	三爪卡盘

工序简图	第 1 次装夹	第 2 次装夹

工序	工步	工步内容	切削用量			G 指令	刀具编号	量具
			n /(r·min^{-1})	f /(mm·min^{-1})	a_p /mm			
1	1	粗车外圆、端面	500	150	1	G94	T0101	游标卡尺
	2	精车外圆、端面	1 000	80	0.5	G01	T0101	千分尺
	3	粗、精车内孔	500	100	1	G01	T0404	游标卡尺
	4	粗、精车端面槽	500	50	3	G74	T0303	游标卡尺
	5	切断	500	60	3	G01	T0202	游标卡尺
2	6	粗车外圆、端面	500	150	1	G72	T0101	游标卡尺
	7	精车外圆、端面	1 000	80	0.5	G70	T0101	千分尺
	编制		审核			批准		

3）数控加工参考程序

根据图纸分析,编制端盖零件加工程序,见表 4-3-3 和表 4-3-4。

表 4-3-3　端盖加工程序(右端)

图　号	4-3-1	零件名称	端　盖	编制日期	
程序名	4301	工　位		负责人	

根据参考程序,绘制刀具运动轨迹简图

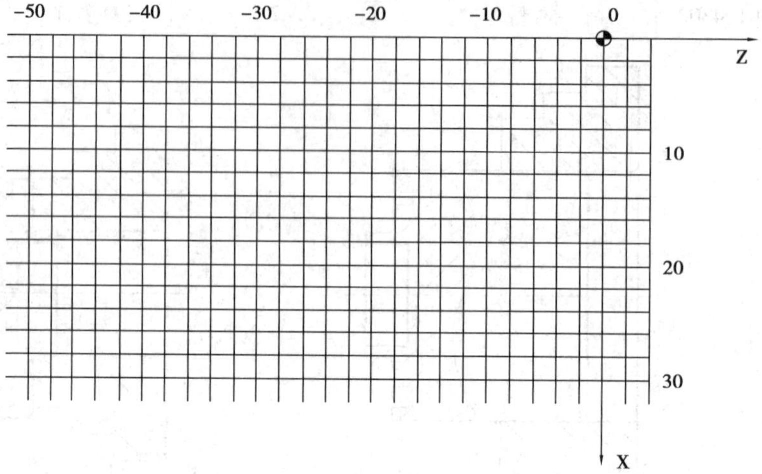

程序内容	程序说明
O4301;	
G98;	
T0101;	
M03　S500;	
G00　X52　Z2;	
G94　X24.5　Z-2　F150;	
Z-4;	
Z-4.9;	
S1000;	
G01　X24　F80;	
Z-5;	
X47;	
X48　W-0.5;	
Z-20;	
X50;	
G00　Z2;	
G00　X100　Z100;	
M05;	

程序内容	程序说明
M00；	
T0404；	
M03　S500；	
G0　X19　Z2；	
G01　Z－8　F80；	
G01　X0；	
Z2；	
G00　X100　Z100；	
M05；	
M00；	
T0303；	
M03　S500；	
G00　X37　Z2；	
G74　R0.5；	
G74　X35　Z－9　P2500　Q2000　F50；	
G00　X100　Z100；	
M05；	
M00；	
T0202；	
M03　S500；	
G00　X52　Z2；	
Z－18.5；	
G01　X30　F60；	
X32；	
X10；	
X12；	
X－0.3；	
G00　X52；	
X100　Z100；	
M05；	
M30；	

表 4-3-4　端盖加工程序（左端）

图　号	4-1-1	零件名称	端　盖	编制日期	
程序名	4302	工　位		负责人	

根据参考程序,绘制刀具运动轨迹简图

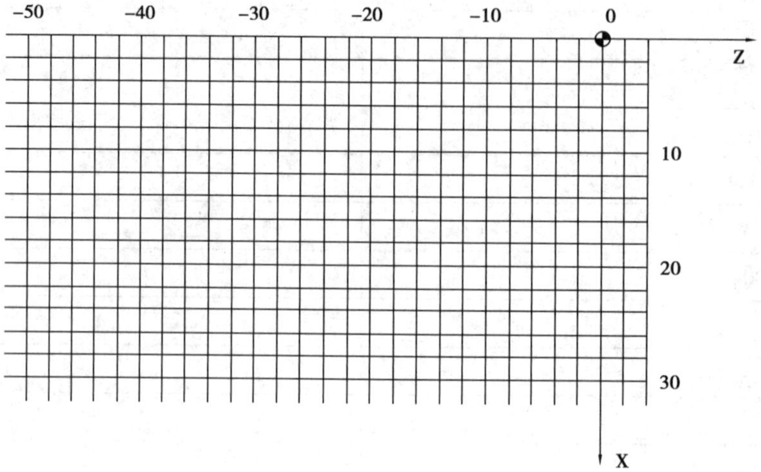

程序内容	程序说明
O4302；	
G98；	
T0101；	
M03　S500；	
G00　X52　Z2；	
G72　W1　R0.5；	
G72　P20　Q30　U0.1　W0.5　F150；	
N20　G00　Z－3；	
G01　X48　F80；	
X46　Z－2；	
X35.49；	
X30　Z0；	
X0；	
N30　Z2；	
M03　S1000；	
T0101；	
G00　X52　Z2；	
G70　P20　Q30；	
G00　X100　Z100；	
M05；	
M30；	

4) 模拟加工

①打开仿真软件,回机床参考点。

②输入程序并进行调试。

③根据图纸和程序的要求,安装刀具及工件。

④进行对刀。

⑤仿真加工。在仿真加工过程中,对加工中出现的程序问题进行修改,以确保在实际加工中程序的正确性。

5) 实际加工

按照表4-3-5的操作引导,对端盖零件进行加工。

表 4-3-5 端盖加工操作引导流程表

操作项目	操作步骤	操作要点	备 注
开 机	打开机床电源→打开系统按钮→复位→机床 X 轴回零→机床 Z 轴回零	机床在回零时要先回 X 轴,再回 Z 轴	
装夹工件	根据工件直径调整卡爪→装夹工件→夹紧工件	注意夹紧力大小合适,注意毛坯伸出长度与工件长度相匹配	
装夹刀具	1 号刀位安装外圆车刀→2 号刀位安装切断刀→3 号刀位安装端面槽刀→4 号刀位安装内孔车刀	外圆车刀在安装时注意装夹刀具对刀具角度的影响;切断刀主切削刃与工件轴线平行	
输入程序	输入程序名→输入程序	程序名不能重复,程序输入要细心	
程序调试	锁定机床→调出程序→模拟仿真→找出问题→修改程序	注意刀路轨迹与编程轮廓是否一致,切削用量是否合理	
试切对刀	试切工件端面→输入 Z 值坐标→试切工件外圆→输入 X 值坐标	通过 MDI 方式进行调刀、验刀,检查刀具位置与坐标显示是否一致	
自动加工	选择自动加工模式→单段模式→按循环启动	将快速倍率旋钮调至最低,注意观察实际刀具位置与编程位置是否一致。发现加工异常,按"进给保持"键,进行处理	
尺寸控制	暂停→尺寸测量→刀具补偿→再加工	注意尺寸测量的正确性,刀具补偿值及位置输入的正确性	
检查取下	测量工件→卸下工件	注意工件轻拿、轻放	
机床维护与保养	清扫卫生→保养机床	机床保养到位	

任务评价

完成零件的加工后,对零件进行清洗和去毛刺工作,并对其测量,再将测量结果填入表4-3-6中。

表4-3-6　端盖检测评分表

序　号	项　目	检测内容	配　分	评分标准	评价方式		
					自评	互评	师评
1	直径	$\phi48_{-0.03}^{0}$	8	超差不得分			
2		$\phi24_{-0.04}^{0}$	8	超差不得分			
3	内孔	$\phi19$	10	超差不得分			
4	端面槽	$\phi35$	8	超差不得分			
5		$\phi43$	8	超差不得分			
6	长度	15 ± 0.05	6	超差不得分			
7		5,8,4,2	6	超差不得分			
8	倒角	$1\times45°$	2	超差不得分			
9	表面质量	表面粗糙度 $Ra3.2\ \mu m$	8	降级不得分			
10	职业素养	安全操作	13	安全文明生产			
11		工量具使用	13	正确使用			
12		机床保养	10	保养合格			
合计（总分）			100				

任务总结

通过本零件的加工，你对学习及加工过程有何体会，请进行总结，并填入表4-3-7中。

表4-3-7　端盖加工总结表

引导性问题	体会与感悟
完成本任务最成功之处	
完成本任务最失败之处	
你认为本次任务的难点	
改进方法及措施	

知识解析

1）平底孔加工工艺

平底孔是孔加工的一种，所用刀具、加工方法与台阶内孔加工类似，但是它的加工难度较高。为了将孔底面车平，刀尖到刀杆的最大距离应小于孔的半径，使刀具有足够的横向移动量；否则，加工时刀具还未车到内孔中心，刀杆外侧就和工件孔壁相撞，如图 4-3-2 所示。

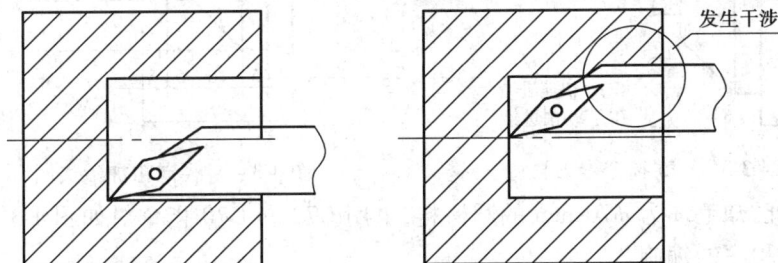

发生干涉

图 4-3-2　平底孔加工刀具

在进行平底孔加工时，通常选择比孔径小 2 mm 的钻头进行钻孔，并控制孔的深度。首先粗车内孔孔底平面及孔径，然后精车内孔及平面至尺寸要求。

2）准备功能指令

（1）端面粗车固定循环指令（G72）

端面粗车循环指令适应于 Z 向余量较小、X 向余量较大的盘类零件粗加工。该指令的执行过程除了其切削行程平行于 X 轴之外，其他与 G71 相同。

指令格式：

G72　W（Δd）　R（e）；

G72　P（ns）　Q（nf）　U（Δu）　W（Δw）　F（f）　S（s）　T（t）；

Ns…；

…

Nf…；

其中：

Δd——背吃刀量（切削深度），Z 方向；

e——退刀量；

ns——指定精加工路线的第一个程序段的顺序号；

nf——指定精加工路线的最后一个程序段的顺序号；

Δu——X 方向上的精加工余量（直径值）；

Δw——Z 方向上的精加工余量；

f，s，t——粗加工循环中的进给速度、主轴转速与刀具功能。

指令说明：

①G72 指令执行过程与 G71 基本相同，不同之处是其切削进程平行于 X 轴，沿 Z 向进行分层切削的，走刀路线如图 4-3-3 所示。

②应用 G72 粗加工后，一般使用精加工循环指令 G70 进行精加工。

③G72 循环所加工的轮廓形状，必须采用单调递增或单调递减的形式。

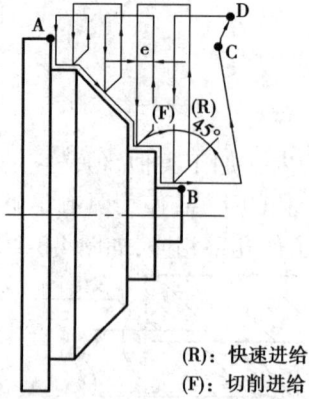

(R)：快速进给
(F)：切削进给

图 4-3-3　G75 指令走刀轨迹

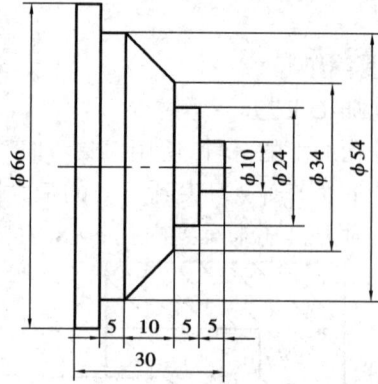

图 4-3-4　径向粗加工实例

编程实例：已知毛坯为 $\phi 70$ mm 的圆棒料，采用 G72 和 G70 指令对如图 4-3-4 所示的零件进行粗、精加工程序的编制。

参考程序如下：

O4303；

G98；

T0101；

M03　S800；

G00　X72　Z2；

G72　W3　R0.5；

G72　P30　Q40　U0.2　W0.5　F150；

N30　G00　Z－30；

　　　G01　X66　F100；

　　　Z－25；

　　　X54；

　　　Z－20；

　　　X34　Z－10；

　　　X24；

　　　Z－5；

　　　X10；

　　　Z0；

N40　Z2；

G70　P30　Q40；

G00　X100　Z100；

M05；

M30；

（2）端面切槽循环指令（G74）

指令格式：

G74　R(e)；

150

G74　X(u)＿　Z(w)＿　P(<u>Δi</u>)　Q(<u>Δk</u>)　R(<u>Δd</u>)　F(<u>f</u>)；

其中：

e——退刀量；

X(u)——X 方向的终点坐标；

Z(w)——Z 方向的终点坐标；

Δi——刀具完成一次径向切削后，X 方向每次的移动量，用不带符号的值表示，单位：μm；

Δk——Z 方向每次的切入量，用不带符号的值表示，单位：μm；

Δd——切削到终点时 Z 方向的退刀量，通常不指定；

f——进给量。

指令说明：

①图 4-3-5 中 A 点为 G74 循环起始点，D 点为循环终点坐标，A 点至 B 点的距离为 X 方向总的切削量，A 点至 C 点的距离为 Z 方向总的切深量。在此循环中，可处理外形切削的断屑。

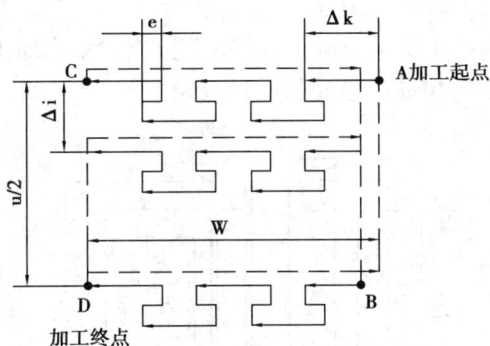

图 4-3-5　G74 指令走刀轨迹

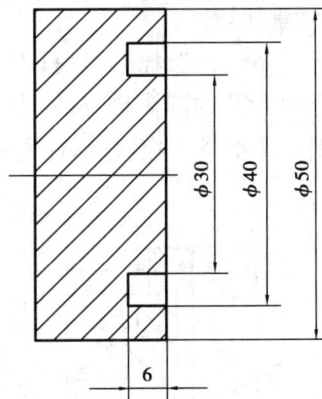

图 4-3-6　端面槽加工实例

②对程序段中的 Δi，Δk 值，在 FANUC 系统中，不能输入小数点，而直接输入最小编程单位，如 Q2000 表示轴向每次切深量为 2 mm。

③G74 程序段中的 X(u)值可省略或设定为 0，如果省略地址中的 X(u)，P，只是 Z 轴动作，则为深孔钻循环。

编程实例：已知毛坯为 φ50 mm 的圆棒料，采用 G74 指令对如图 4-3-6 所示零件的端面槽进行加工程序的编制，采用的端面槽刀刀头宽度为 3 mm。

参考程序如下：

O4304；

G98；

T0101；

M03　S400；

G00　X34　Z2；

G74　R0.5；

G74　X30　Z－6　P2500　Q1500　F50；

G00　X100　Z100；

M05；

M30；

151

![拓展训练图标] **拓展训练**

一、理论训练

1. 简述平底孔加工时的注意事项。

2. 写出 G72 指令的指令格式及参数含义,并绘制其走刀路线。

3. 写出 G74 指令的指令格式及参数含义,并绘制其走刀路线。

4. 下列指令中适合加工盘类零件的指令是(　　)。

　A. G71　　　　　　B. G72　　　　　　C. G92　　　　　　D. G73

5. 在程序段 G72　W(Δd)　R(e)中,Δd 表示(　　)。

　A. X 方向每次的切削深度　　　　　B. Z 方向每次的切削深度

　C. X 方向的退刀量　　　　　　　　D. Z 方向的退刀量

二、技能训练

1. 已知 $\phi50$ 的圆棒料,材料为 2Al2,对图 4-3-7 进行编程。

2. 已知 $\phi50$ 的圆棒料,材料为 2Al2,如图 4-3-8 所示。制订加工工艺方案,编写加工程序,完成各项加工准备工作,在数控车床上对其加工,并进行检测与质量分析。

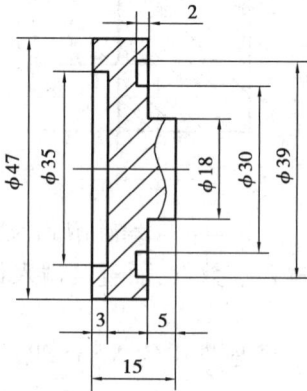

图 4-3-7　零件图(一)　　　　　图 4-3-8　零件图(二)

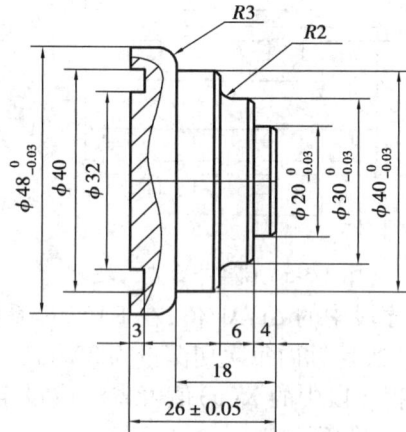

工作任务 5
数控车削配合类零件

配合产品的制作是数控车加工中非常重要而又常见的一项工作。本任务通过锥体配合、螺纹配合的工艺分析与编程，训练学生掌握配合套件的加工及保证配合套件的尺寸精度、形位精度和配合间隙的技能。

任务描述

本任务为配合件加工，主要涉及锥体配合、螺纹配合、内外圆柱面配合等加工内容。工件毛坯为 $\phi50$ mm 的棒料，材料为 2Al2，如图 5-1-1 所示。根据零件图纸要求，保证内外锥体配合间隙、内外螺纹配合，规划合理的加工工艺，编制加工程序，对零件进行仿真加工和实际加工，并对任务进行检测评价。

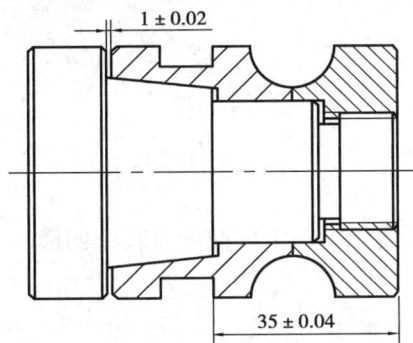

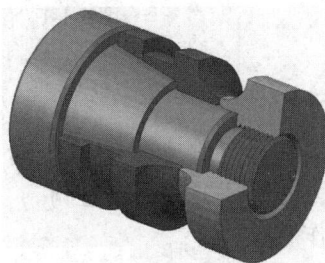

（a）配合件装配图及实体图

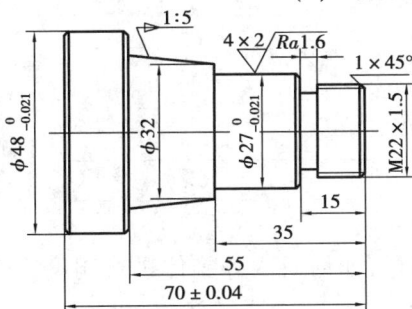

（b）锥体轴零件图及实体图

153

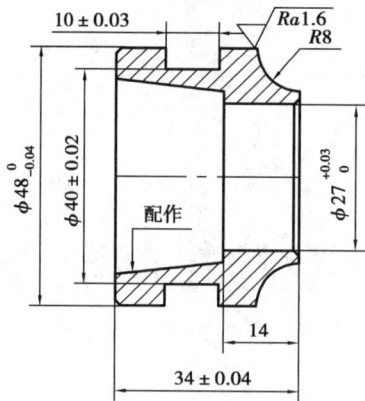

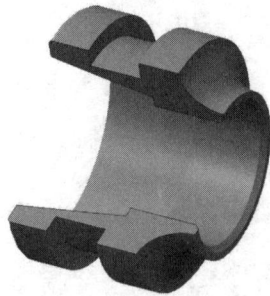

（c）锥体套零件图及实体图

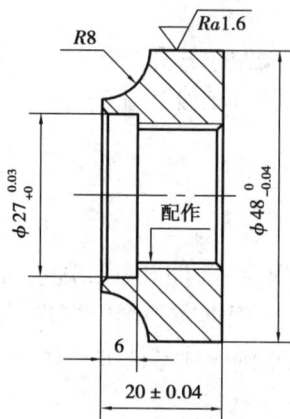

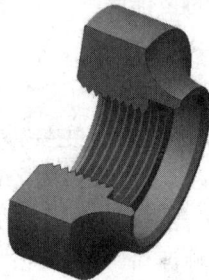

（d）螺纹套零件图及实体图

图 5-1-1　配合套件装配图与零件图

任务目标

1. 能够保证配合间隙,并会计算径向下刀深度对内外锥轴向配合长度的影响。
2. 会利用内外锥体工件相互检测。
3. 能够配作螺纹。
4. 能够正确对工件质量进行分析,并合理安排加工工艺。

任务引导

1）图纸引导

螺纹配作的含义是_____。内螺纹的公称尺寸是_____。

2）测量引导

如何对锥体配合间隙 1 ± 0.02 mm 进行测量,如何对内外锥体进行测量？如何对内外螺纹进行测量？

3）刀具引导

根据零件特点，请列出本零件加工所需的刀具。

4）配合部位的引导

①作出内外锥体配合间隙的保证计划。

②如何对螺纹进行配作？

任务实施

1）刀具调整卡

根据图纸要求，填写配合件刀具调整卡，见表 5-1-1。

表 5-1-1　配合件刀具调整卡

任务名称		配合件		零件图号		5-1-1
序号	刀具号	刀具名称	刀具型号	加工表面	数量	备注
1	T0101	外圆车刀	MCGNR2020K12	台阶面、圆弧面、锥面	1	
2	T0202	切断车刀	ZPED0302-MG	切断、切槽	1	
3	T0303	外三角形螺纹车刀	SER2020K16	外三角形螺纹	1	
4	T0404	内孔车刀	S20R-MTUNR/L16	内孔、内锥面	1	
5	T0505	内三角形螺纹车刀	SNR/L0016Q16	内三角形螺纹	1	
编制		审核			批准	

2）数控加工工序卡

根据图纸要求，填写锥体轴、锥体套、螺纹套加工工序卡，见表 5-1-2—表 5-1-4。

表 5-1-2　锥体轴加工工序卡

任务名称	锥体轴	零件图号		5-1-1		机床型号	CK6132
程序编号	5101	材　料		2Al2		夹具名称	三爪卡盘

第 1 次装夹　　　　　　　　　第 2 次装夹

工序	工步	工步内容	切削用量			G 指令	刀具编号	量具
			n /(r·min^{-1})	f /(mm·min^{-1})	a_p /mm			
1	1	粗车台阶外圆	500	150	1	G71	T0101	游标卡尺
	2	精车台阶外圆	1 000	100	0.5	G70	T0101	千分尺
	3	切槽	500	50	3	G01	T0202	千分尺
	4	粗、精车三角形螺纹	400	1.5 mm/r		G92	T0303	公法线 千分尺
	5	切断	500	50	3	G01	T0202	游标卡尺
2	6	调头装夹,保证总长	800	手摇 0.01		手动	T0101	千分尺
	编制		审核			批准		

表 5-1-3　锥体套加工工序卡

任务名称	锥体套	零件图号		5-1-1		机床型号	CK6132
程序编号	5102,5103	材　料		2Al2		夹具名称	三爪卡盘

第 1 次装夹　　　　　　　　　第 2 次装夹

续表

工序	工步	工步内容	切削用量			G指令	刀具编号	量具
			n /(r·min⁻¹)	f /(mm·min⁻¹)	a_p /mm			
1	1	粗车外圆	500	150	1	G71	T0101	游标卡尺
	2	精车外圆	1 000	100	0.5	G70	T0101	千分尺
	3	粗、精车槽	500	50	3	G01	T0202	千分尺
	4	粗车内孔、锥孔	400	100	1	G71	T0404	公法线千分尺
	5	精车内孔、锥孔	800	80	0.5	G70	T0404	游标卡尺
	6	切断	500	50	3	G01	T0202	游标卡尺
2	7	调头装夹,保证总长	800	手摇0.01		手动	T0101	千分尺
3	8	粗车圆弧	500	150	1	G71	T0101	游标卡尺
	9	精车圆弧	1 000	100	0.5	G70	T0101	千分尺
	编制		审核			批准		

表 5-1-4 螺纹套加工工序卡

任务名称	螺纹套	零件图号	5-1-1	机床型号	CK6132
程序编号	5104	材 料	2Al2	夹具名称	三爪卡盘

工序简图

第1次装夹　　第2次装夹

工序	工步	工步内容	切削用量			G指令	刀具编号	量具
			n /(r·min⁻¹)	f /(mm·min⁻¹)	a_p /mm			
1	1	粗车外圆	500	150	1	G71	T0101	游标卡尺
	2	精车外圆	1 000	100	0.5	G70	T0101	千分尺

续表

1	3	粗车内孔	400	100	1	G71	T0404	公法线千分尺
	4	精车内孔	800	80	0.5	G70	T0404	游标卡尺
	5	粗、精车三角形螺纹	400	1.5 mm/r		G92	T0505	公法线千分尺
	6	切断	500	50	3	G01	T0202	游标卡尺
2	7	调头装夹,保证总长	800	手摇 0.01		手动	T0101	千分尺
	编制		审核			批准		

3)数控加工参考程序

根据图纸分析,编制零件加工程序,见表 5-1-5—表 5-1-8。

表 5-1-5 锥体轴加工程序

图 号	5-1-1	零件名称	锥体轴	编制日期	
程序名	5101	工 位		负责人	

根据参考程序,绘制刀具运动轨迹简图(可用不同的颜色表示)

程序内容	程序说明
O5101;	
G98;	
T0101;	
M03 S500;	
G00 X100 Z100;	
X52 Z2;	
G71 U1 R0.5;	
G71 P10 Q20 U0.5 W0.05 F150;	
N10 G01 X20 F100;	
Z0;	

续表

程序内容	程序说明
X22　Z－1；	
Z－15；	
X25；	
X27　W－1；	
Z－35；	
X32；	
X36　Z－55；	
X46；	
X48　W－1；	
Z－75；	
N20　X52；	
G00　X100　Z100；	
M05；	
T0101；	
M03　S1000；	
G00　X52　Z2；	
G70　P10　Q20；	
G00　X100　Z100；	
M05；	
T0202；	
M03　S500；	
G00　X23　Z－14；	
G01　X18　F50；	
G00　X23；	
Z－15；	
G01　X18　F50；	
G00　X23；	
X100　Z100；	
M05；	
G99；	
T0303；	
M03　S400；	
G00　X23　Z6；	

续表

程序内容	程序说明
G92　X21.1　Z－13　F1.5；	
X20.5；	
X20.2；	
X20.1；	
X20.05；	
G00　X100　Z100；	
M05；	
T0202；	
M03　S500；	
G00　X52　Z－73.5；	
G01　X30　F50；	
G00　X35；	
G01　X10；	
G00　X15；	
G01　X0；	
G00　X52；	
X100　Z100；	
M05；	
M30；	

表 5-1-6　锥体套加工程序（左端）

图　号	5-1-1	零件名称	锥体套	编制日期	
程序名	5102	工　位		负责人	

根据参考程序,绘制刀具运动轨迹简图(可用不同的颜色表示)

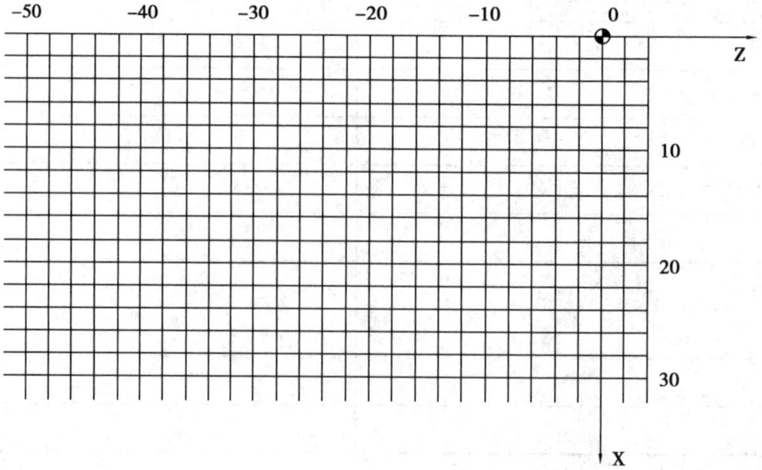

程序内容	程序说明
O5102；	
G98；	
T0101；	
M03　S500；	
G00　X52　Z2；	
G71　U1　R0.5；	
G71　P30　Q40　U0.5　W0.05　F150；	
N30　G01　X25　F100；	
Z0；	
X46；	
X48　Z－1；	
G01　Z－40；	
N40　X52；	
G00　X100　Z100；	
M05；	
T0101；	
M03　S1000；	
G00　X52　Z2；	
G70　P30　Q40；	
G00　X100　Z100；	
M05；	
T0202；	
M03　S500；	
G00　X49　Z－12；	
G75　R0.5；	
G75　X40　Z－19　P2000　Q2500　F50；	
X100　Z100；	
M05；	
T0404；	
M03　S400；	
G00　X23　Z2；	
G71　U1　R0.5；	
G71　P50　Q60　U－0.5　W0.05　F100；	
N50　G01　X38　F80；	
Z0；	
X36；	
X32　Z－20；	

续表

程序内容	程序说明
X27;	
Z-40;	
N60　X23;	
G00　X100　Z100;	
M05;	
T0404;	
M03　S800;	
G00　X23　Z2;	
G70　P50　Q60;	
G00　X100　Z100;	
M05;	
T0202;	
M03　S500;	
G00　X52　Z-37.5;	
G01　X30　F50;	
G00　X35;	
G01　X25;	
G00　X52;	
X100　Z100;	
M05;	
M30;	

表 5-1-7　锥体套加工程序(右端)

图　号	5-1-1	零件名称	锥体套	编制日期	
程序名	5103	工　位		负责人	
根据参考程序,绘制刀具运动轨迹简图(可用不同的颜色表示)					

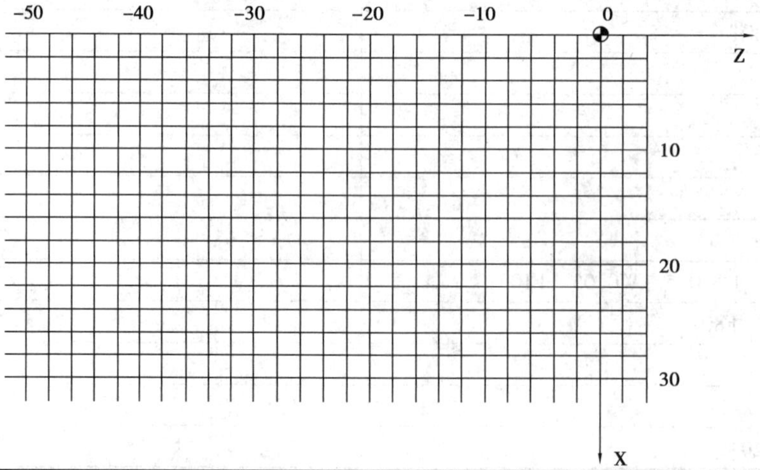

续表

程序内容	程序说明
O5103；	
G98；	
T0101；	
M03 S500；	
G00 X52 Z2；	
G71 U1 R0.5；	
G71 P70 Q80 U0.5 W0.05 F150；	
N70 G01 X25 F100；	
Z0；	
X32；	
G02 X48 Z－8 R8；	
N80 G01 X52；	
G00 X100 Z100；	
M05；	
T0101；	
M03 S1000；	
G00 X52 Z2；	
G70 P70 Q80；	
G00 X100 Z100；	
M05；	
M30；	

表5-1-8 螺纹套加工程序

图 号	5-1-1	零件名称	螺纹套	编制日期	
程序名	5104	工 位		负责人	

根据参考程序,绘制刀具运动轨迹简图(可用不同的颜色表示)

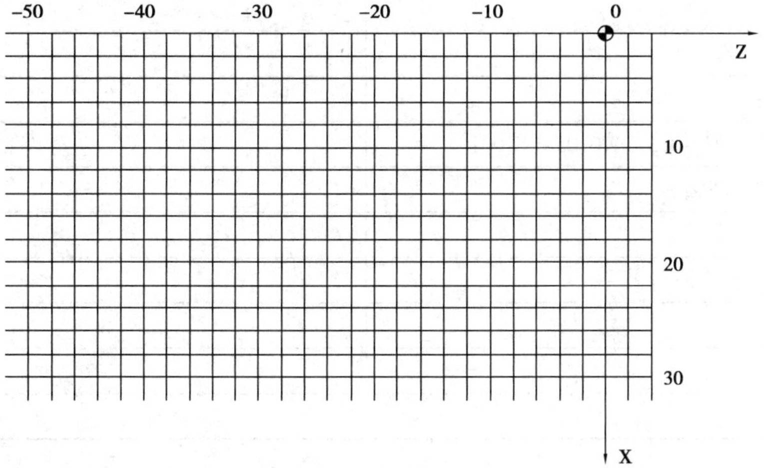

163

续表

程序内容	程序说明
O5104；	
G98；	
T0101；	
M03　S500；	
G00　X100　Z100；	
X52　Z2；	
G71　U1　R0.5；	
G71　P90　Q100　U0.5　W0.05　F150；	
N90　G01　X25　F100；	
Z0；	
X32	
G02　X48　Z-8　R8；	
G01　Z-25；	
N100　X52；	
G00　X100　Z100；	
M05；	
T0101；	
M03　S1000；	
G00　X52　Z2；	
G70　P90　Q100；	
G00　X100　Z100；	
M05；	
T0404；	
M03　S400；	
G00　X19　Z2；	
G71　U1　R0.5；	
G71　P110　Q115　U-0.5　W0.05　F100；	
N110　G01　X29　F80；	
Z0；	
X27　Z-1；	
Z-6；	
X20.5；	
Z-25；	

程序内容	程序说明
N115 X19；	
G00 X100 Z100；	
M05；	
T0404；	
M03 S800；	
G00 X19 Z2；	
G70 P110 Q115；	
G00 X100 Z100；	
M05；	
G99；	
T0505；	
M03 S400；	
G00 X20 Z6；	
G92 X21 Z－23 F1.5；	
X21.5；	
X21.8；	
X21.9；	
X22；	
G00 X100 Z100；	
M05；	
T0202；	
M03 S500；	
G00 X52 Z－23.5；	
G01 X30 F50；	
G00 X35；	
G01 X18；	
G00 X52；	
X100 Z100；	
M05；	
M30；	

4) 模拟加工

①打开仿真软件,回机床参考点。

②输入程序并进行调试。

③根据图纸和程序的要求,安装刀具及工件。

④进行对刀。

⑤仿真加工。在仿真加工过程中,对加工中出现的程序问题进行修改,以确保在实际加工中程序的正确性。

5)实际加工

按照表 5-1-9 的操作引导,对配合件进行加工。

表 5-1-9　配合件加工操作引导流程表

操作项目	操作步骤	操作要点	备　注
开机	打开机床电源→打开系统按钮→复位→选择回零模式→机床 X 轴回零→机床 Z 轴回零	机床在回零时要先回 X 轴,再回 Z 轴	
装夹工件	根据工件直径调整卡爪→装夹工件→夹紧工件	注意夹紧力大小合适,注意毛坯伸出长度	
装夹刀具	1 号刀位安装外圆车刀→2 号刀位安装切断刀→3 号刀位安装外螺纹刀→4 号刀位安装内孔车刀→5 号刀位安装内螺纹刀	内孔车刀、内螺纹车刀刀杆伸出长度与内孔孔深相匹配	
输入程序	输入程序名→输入程序	程序名不能重复,程序输入要细心	
程序调试	锁定机床→调出程序→模拟仿真→找出问题→修改程序	注意刀路轨迹与编程轮廓是否一致,切削用量是否合理	
试切对刀	试切工件端面→输入 Z 值坐标→试切工件外圆→输入 X 值坐标	通过 MDI 方式进行调刀、验刀,检查刀具位置与坐标显示是否一致	
自动加工	选择自动加工模式→单段模式→按循环启动	将快速倍率旋钮调至最低,注意观察实际刀具位置与编程位置是否一致。发现加工异常,按"进给保持"键进行处理	
尺寸控制	暂停→尺寸测量→刀具补偿→再加工	注意尺寸测量的正确性,以及刀具补偿值和位置输入的正确性。内螺纹检测时,采用加工好的外螺纹对内螺纹进行配作检测	
检查取下	测量工件→卸下工件	注意工件轻拿、轻放	
机床维护与保养	清扫卫生→保养机床	机床保养到位	

任务评价

完成零件的加工后,对零件进行清洗和去毛刺工作,并对其测量,再将测量结果填入表 5-1-10—表 5-1-13(总分共计为 100 分)中。

表 5-1-10 锥体轴检测评分表

序 号	项 目	检测内容	配 分	评分标准	评价方式		
					自评	互评	师评
1	直径	$\phi 48_{-0.021}^{0}$	2	超差不得分			
2		$\phi 27_{-0.021}^{0}$	2	超差不得分			
3	三角形螺纹	M22 × 1.5	4	超差不得分			
4		表面粗糙度 $Ra1.6\ \mu m$	2	降级不得分			
5	槽	4 × 2	1	超差不得分			
6	长度	70 ± 0.04	3	超差不得分			
7		55,35,15	1.5	超差不得分			
8	倒角	1 × 45°(4 处)	2	超差不得分			
9	锥度	1 : 5	3	超差不得分			
10	表面质量	表面粗糙度 $Ra1.6\ \mu m$	2	降级不得分			
11		表面粗糙度 $Ra3.2\ \mu m$	2	降级不得分			
合计（总分）			24.5				

表 5-1-11 锥体套检测评分表

序 号	项 目	检测内容	配 分	评分标准	评价方式		
					自评	互评	师评
1	直径	$\phi 48_{-0.04}^{0}$	2	超差不得分			
2	内孔	$\phi 27_{0}^{+0.03}$	3	超差不得分			
3	槽	$\phi 40 ± 0.02$	3	超差不得分			
4		10 ± 0.03	3	超差不得分			
5	长度	34 ± 0.04	3	超差不得分			
6		14	0.5	超差不得分			
7	圆弧	R8	2	超差不得分			
8	锥体	1 : 5	4	超差不得分			
9	倒角	1 × 45°	1	超差不得分			
10	表面质量	表面粗糙度 $Ra1.6\ \mu m$	2	降级不得分			
		表面粗糙度 $Ra3.2\ \mu m$	2	降级不得分			
合计（总分）			25.5				

表 5-1-12　螺纹套检测评分表

序　号	项　目	检测内容	配　分	评分标准	评价方式		
					自评	互评	师评
1	直径	$\phi 48_{-0.04}^{0}$	2	超差不得分			
2	三角形螺纹	M22×1.5	5	超差不得分			
3		表面粗糙度 $Ra1.6\,\mu m$	2	降级不得分			
4	内孔	$\phi 27_{0}^{+0.03}$	3	超差不得分			
5		6	0.5	超差不得分			
6	长度	20±0.04	3	超差不得分			
7	倒角	1×45°	1	超差不得分			
8	圆弧	R8	2	超差不得分			
9	表面质量	表面粗糙度 $Ra1.6\,\mu m$	2	降级不得分			
10		表面粗糙度 $Ra3.2\,\mu m$	2	降级不得分			
合计(总分)			22.5				

表 5-1-13　配合件检测评分表

序　号	项　目	检测内容	配　分	评分标准	评价方式		
					自评	互评	师评
1	配合间隙	1±0.02	3	超差不得分			
2	螺纹配合	松紧程度	1.5	降级不得分			
3	锥体接触面积	接触70%以上	4	降级不得分			
4	长度	35±0.04	4	超差不得分			
5	职业素养	安全操作	5	安全文明生产			
6		工量具使用	5	正确使用			
7		机床保养	5	保养合格			
合计(总分)			27.5				

任务总结

通过本零件的加工,你对学习及加工过程有何体会,请进行总结,并填入表 5-1-14 中。

表 5-1-14　配合件加工总结表

引导性问题	体会与感悟
完成本任务最成功之处	
完成本任务最失败之处	
你认为本次任务的难点	
改进方法及措施	

知识解析

1) 内外圆锥体工件配合精度的控制

锥体配合生产是数控车加工中一项非常重要而又常见的工作。在锥体配合加工中,内外锥面的接触面积、内外锥端面的轴向间隙是常见的技术要求。保证这些技术要求,要注意以下 5 点:

①车刀必须对准工件中心。

②粗车时,切削深度不宜过大。在精加工之前,应保证锥度正确。

③用内锥检验外锥或用外锥检验内锥时,检验涂料不要太厚,要均匀,注意锥体、锥孔表面清洁,内外锥体的转动量在半圈之内。

④检验后取出工件时,要注意安全,不能敲击工件,以防工件位移。

⑤为确保内外锥体的轴向配合间隙,应特别注意最后一刀的径向切深计算一定要准确。最后一刀的切深不能太大或太小。切深太大,尺寸不宜控制;切深太小,锥体表面质量较差。

2) 内外锥体配合间隙的加工经验

在锥体配合加工中,如何准确地保证内外锥体的配合间隙,这就要求具备一定的加工技能。

如图 5-1-2 所示,要保证内外锥体的配合间隙为 1 ± 0.04 mm,首先加工内锥体至尺寸要求,在加工外锥体时,用测量工具测量,内外锥体的配合间隙为 4 mm。为了保证锥体的表面质量,现需要最后一刀精加工保证的间隙是 1 ± 0.04 mm。那么,最后一刀的径向切深如何计算呢?

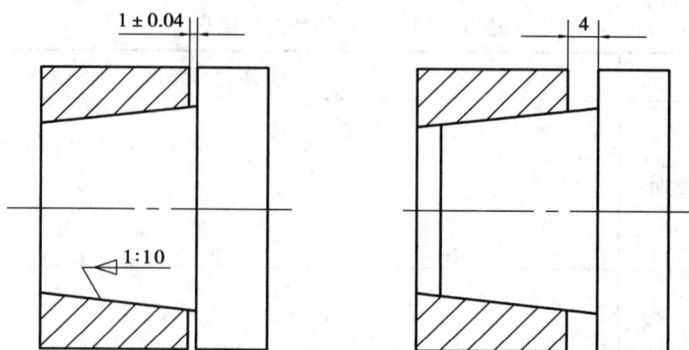

图 5-1-2　锥体轴向配合间隙

　　根据锥度计算公式可知,径向的切深直接会影响内外锥体的轴向配合间隙。现轴向配合间隙为 4 mm,减去锥体本身的要求配合间隙 1 mm,则实际加工时内外锥体轴向移动 3 mm 即可,锥体锥度为 1:10。设锥体大小(径向切深)径的变化为 X,则 X/3 = 1/10。由计算可知 X 为 0.3,则最后精加工时,刀具的切削深度为 0.3 mm 即可。

3)刀尖圆弧半径补偿

(1)刀尖圆弧补偿的概念

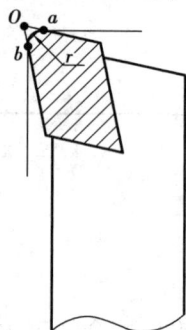

图 5-1-3　假想刀尖示意图

　　数控车床加工是按车刀理想刀尖为基准编写数控轨迹代码的。因此,对刀时也应以理想刀尖来对刀。但实际加工中,为了降低被加工工件的表面粗糙度,减缓刀具磨损,提高刀具寿命,一般将车刀刀尖处磨成圆弧过渡刃,又称假想刀尖,如图 5-1-3 所示。

　　所谓刀尖圆弧半径,是指车刀刀尖圆弧所构成的假想圆半径(见图 5-1-3 中的 r)。实际加工中,所有车刀均有大小不等或近似的刀尖圆弧,假想刀尖是不存在的。为了确保工件轮廓的形状,加工时不允许刀具刀尖圆弧的圆心运动轨迹与被加工工件轮廓重合,而应与工件轮廓偏置一个半径值,这种偏置称为刀尖圆弧半径补偿。

　　(2)刀尖圆弧半径补偿指令

指令格式:

$$\begin{Bmatrix} G41 \\ G42 \\ G40 \end{Bmatrix} \begin{Bmatrix} G00 \\ G01 \\ G00 \end{Bmatrix} \quad X \_\_ \quad Z \_\_ \quad F \_\_;$$

其中:

X,Z——终点坐标;

F——进给量;

G41——刀具半径左补偿;

G42——刀具半径右补偿;

G40——取消刀具半径补偿。

指令说明:

刀尖半径补偿是通过 G41,G42,G40 代码及 T 代码指定的刀尖圆弧半径补偿号来加入或取消半径补偿的。其功能为:G41 为刀具半径左补偿,沿着刀具前进方向看,刀具位于零件左侧;G42 为刀具半径右补偿,沿着刀具前进方向看,刀具位于零件右侧;G40 为取消刀具半径补偿,用于取消刀具半径补偿指令。

在判断刀尖圆弧半径补偿偏置方向时,一定要沿 Y 轴由正向负观察刀具所处的位置,故应特别注意后置刀架和前置刀架对刀尖圆弧半径补偿偏置方向的区别。对前置刀架,为了防止判别过程中出错,可在图样上将刀具、工件及 X 轴同时绕 Z 轴旋转 180°后再进行偏置方向的判断。此时,正 Y 轴向外,刀补的偏置方向则与后置刀架的判别方向相同,如图 5-1-4 所示。

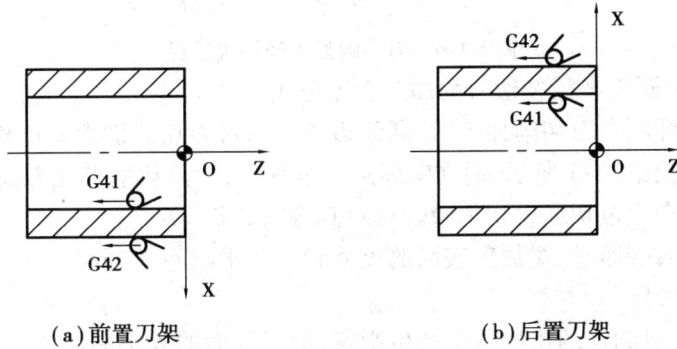

(a)前置刀架　　　　　　　　　　　(b)后置刀架

图 5-1-4　刀尖圆弧半径补偿偏置方向的判别

(3)车刀切削沿位置的确定

数控车床采用刀尖圆弧半径补偿进行加工时,如果刀具的刀尖形状和切削时所处的位置不同,那么,刀具的补偿量与补偿方向也不同。

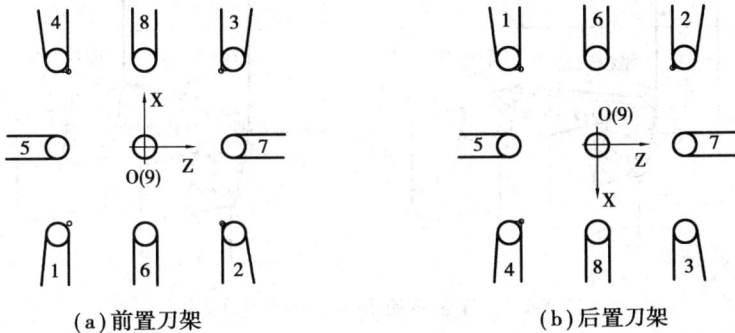

(a)前置刀架　　　　　　　　　　　(b)后置刀架

图 5-1-5　数控车床的刀具切削沿位置

如图 5-1-5(a)所示为刀架前置的数控车床假想刀尖位置的情况;如图 5-1-5(b)所示为刀架后置的数控车床假想刀尖位置的情况;如果以刀尖圆弧中心作为刀位点进行编程,则应选用 0 或 9 作为刀尖方位号,其他号码都是以假想刀尖编程时采用的。

(4)刀尖圆弧半径补偿过程

刀尖圆弧半径补偿过程分为 3 步,即刀补的建立、刀补的进行和刀补的取消。其补偿过程如图 5-1-6 所示。刀补引入过程中,刀具在移动过程中逐渐加上补偿值。当引入时,刀具圆弧中心停留在程序设定坐标点的垂线上,距离为刀尖半径补偿值。刀补取消过程中,刀具位置在程序段中也是逐渐变化的,程序结束时,刀尖半径补偿值取消,如图 5-1-6 所示。

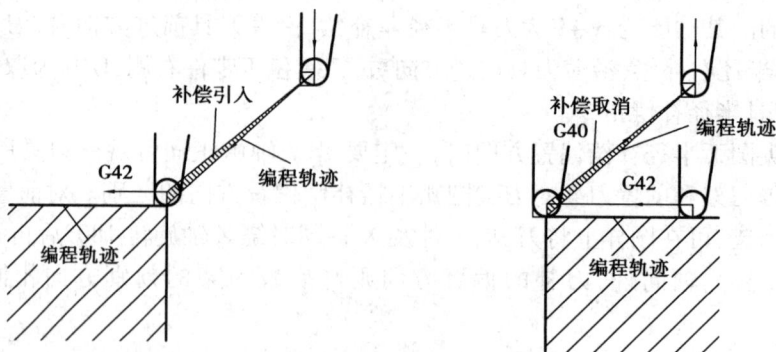

图 5-1-6　刀尖圆弧半径补偿过程

（5）未使用刀尖圆弧半径补偿时的加工误差分析

用圆弧刀尖的外圆车刀切削加工时,圆弧刃车刀的对刀点分别为 a 点和 b 点,所形成的假想刀位点为 O 点,如图 5-1-3 所示,但在实际加工过程中,刀具切削点在刀尖圆弧上变动,从而在加工过程中可能产生过切或欠切现象。现对其进行分析:

①加工台阶面或端面时,对加工表面的尺寸和形状影响不大,但在端面的中心位置和台阶的清角位置会产生残留。

②加工锥面时,对圆锥的锥度不会产生影响,但对锥面的大小端尺寸产生影响。

③在加工圆弧时,会对圆弧的圆度和圆弧半径产生影响。加工外凸弧时,会使加工后的圆弧半径变小;加工内凹圆弧时,会使加工后的圆弧半径变大,如图 5-1-7 所示。

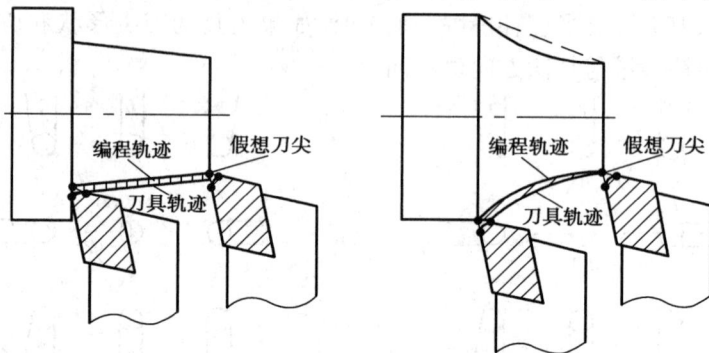

图 5-1-7　车削圆锥和圆弧面产生的误差

（6）刀尖圆弧半径补偿的注意事项

①刀尖圆弧半径补偿的引入和取消应在不加工的空行程段上,且在 G00 或 G01 程序行上实施。

②刀尖圆弧半径补偿引入和卸载时,刀具位置的变化是一个渐变的过程。

③当输入刀补数据时给的是负值,则 G41,G42 互相转化。

④G41,G42 指令不要重复规定,否则会产生一种特殊的补偿。

⑤在使用 G41,G42 指令模式中,不允许有两个连续的非移动指令（如 M 指令、延时指令等）,否则将产生过切或欠切现象。

拓展训练

一、理论训练

1. 写出数控车床刀尖圆弧半径补偿的指令格式。如何理解数控车床刀尖圆弧半径补偿?

2. 如何确定数控车床的刀具切削沿位置?

3. 在使用数控车床刀尖圆弧半径补偿时,其注意事项有哪些?

4. 车削外圆弧时,产生过切削现象形成锥面,应(　　　)。

    A. 修改刀具长度的补偿值　　　　　　　B. 修改刀具半径的补偿值

    C. 更换更合适的刀具　　　　　　　　　D. 改变刀具的固定方式

5. 数控车床中的 G41/G42 是对(　　　)进行补偿。

    A. 刀具的几何长度　　　　　　　　　　B. 刀具的刀尖圆弧半径

    C. 刀具的半径　　　　　　　　　　　　D. 刀具的角度

二、技能训练

1. 编制如图 5-1-8 所示的加工程序,采用合适的加工刀具,并使用刀尖圆弧半径补偿指令。

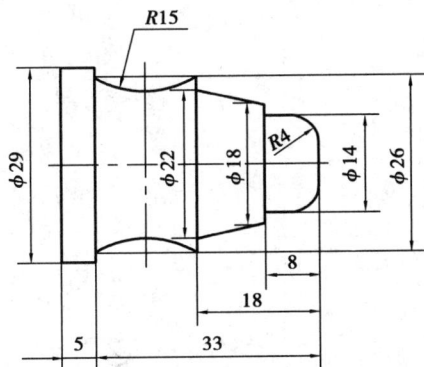

图 5-1-8　零件图(一)

2. 已知 $\phi50$ 的圆棒料,材料为 2Al2,如图 5-1-9 所示。制订加工工艺方案,编写加工程序,完成各项加工的准备工作,在数控车床上对其加工,并进行检测与质量分析。

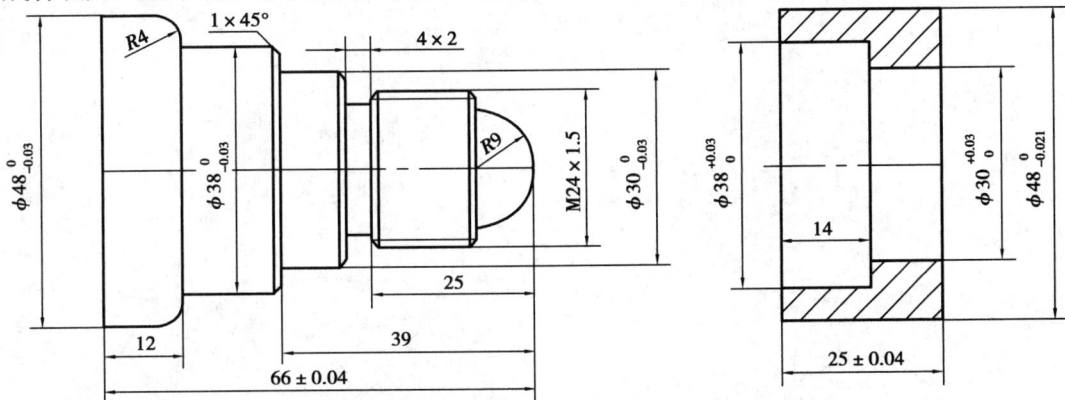

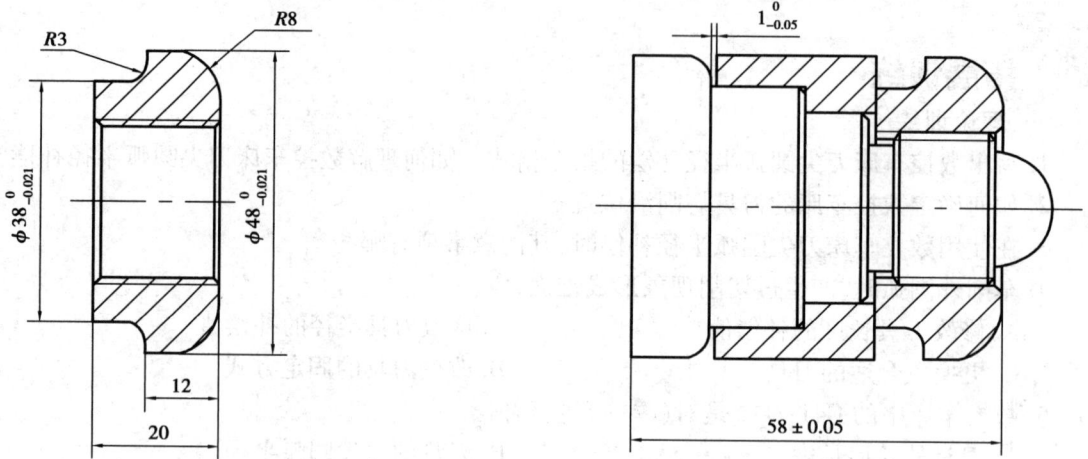

图 5-1-9　零件图(二)

参考文献

[1] 劳动和社会保障部教材办公室.数控加工工艺编程与操作:FANUC 系统车床分册[M].北京:中国劳动社会保障出版社,2008.

[2] 张君.数控机床编程与操作[M].北京:北京理工大学出版社,2010.

[3] 周虹,喻丕珠,罗友兰.数控加工工艺设计与程序编制[M].2 版.北京:人民邮电出版社,2012.

[4] 劳动和社会保障部教材办公室.数控车工生产实践[M].2 版.北京:中国劳动社会保障出版社,2006.

[5] 霍苏萍.数控加工编程与操作[M].2 版.北京:人民邮电出版社,2012.

[6] 赵云龙,刘青.数控机床及应用:机械制造与控制专业[M].2 版.北京:机械工业出版社,2010.

[7] 戴三法,王吉连.数控车削编程与加工[M].北京:中国劳动社会保障出版社,2012.

[8] 石远航,赵佳.数控车削加工技术项目教程[M].北京:科学出版社,2014.

[9] 劳动和社会保障部教材办公室.车工工艺学[M].4 版.北京:中国劳动社会保障出版社,2005.

[10] 赵志群.职业教育工学结合一体化课程开发指南[M].北京:清华大学出版社,2009.

[11] 徐敏.数控车削加工与实训一体化教程[M].北京:机械工业出版社,2013.